情報倫理

―ネットの炎上予防と対策―

田代 光輝・服部 哲 著

共立出版

はじめに

　コンピューターネットワーク、特にインターネットの登場によって社会は大きく変わろうとしています。日本では1980年代後半からの30年余りでインターネットの登場、Windows95のリリース、携帯電話のインターネット接続サービスの開始、ADSLや光ファイバー網の普及など、情報を取り巻く環境は大きく変化をしました。

　芸能人の日常や考え方をブログで読む、電車の中でニュース速報を携帯電話で確認する、無料通話サービスのチャット機能で友達と会話する、SNSを使って昔の仲間に連絡するなど、少し前では想像できない「魔法のような世界」が現実のものになっています。本書を読んでいる皆さんも日常的にインターネットを使ってコミュニケーションすることは多いでしょう。私たちはまさに大きな変化の渦中を生きています。それは私たちが情報社会という「誰も経験したことのない社会」の先駆者であるということでもあります。

　前人未到の原野ですからリスクが洗い出されているというわけではありません。それゆえ上手に回避する常套手段やリスクを少なくする有効な対処法はまだまだ不十分です。

　この本を書き終えたのが2013年7月末です。その翌8月からインターネットを利用したがための多くのトラブルがニュースとなりました。特に食に関する道徳違反で多くの人がトラブルに巻き込まれています。さらにはインターネットでの情報発信をきっかけに警察に通報され逮捕された人、そしてインターネットが遠因となって命を落としてしまった人も出てしまいました。情報は上手に扱えば人生を豊かにしてくれますが、その一方で、扱いかたを間違えればとんでもない事態を巻き起こしてしまうリスクもあります。

　本書は新しい社会である情報社会での情報の扱い方の教科書として作成しました。

　新しい時代を生きるみなさんが情報によってより豊かな人生を過ごせるように、情報とはなにか、情報サービスはどんなものか、そしてトラブル事例や対応方法を中心にまとめています。

　最後になりますが、本書を執筆するにあたり情報提供していただいた日野さん・穂秋さん、画像の掲載の許可をしていただいたYahoo!JAPAN、自由民主党のみなさんにお礼申し上げます。

2013年10月

田代 光輝・服部 哲

目次

序章 ネットの炎上予防と対策のための情報倫理　1
- 炎上について　1
- 被害者にならないための、加害者にならないための情報倫理　3
- ネットの炎上予防と対策のための情報倫理　4

第1章 社会と情報についての基礎　6
1. 情報とは　6
2. 天気図にみる「情報」　8
3. 近代と情報　11
4. 現代と情報　16
5. 情報革命？ インターネットの登場　19

第2章 インターネット（技術編）　21
1. インターネットとは　21
2. www（world wide web）の提唱　24
3. インターネットの電子メール　29
4. まとめ　32

第3章 インターネット（ビジネス編） その1 接続ビジネス　33
1. ITビジネスとは　33
2. 接続業、通信キャリアとISP　34
3. 通信事業の大問題：ベストエフォートとインターネットの中立性問題　42

第4章 インターネット（ビジネス編） その2 コンテンツビジネス　51
1. コンテンツビジネスとは　51
2. ビジネスモデル　52
3. コンテンツサービス まとめ　63

第5章 法律と権利　65
1. 憲法　65

- 2 権利に関する法律 …………………………………………………… 68
- 3 そのほか関連する法律 ……………………………………………… 71
- 4 国際的な概念・忘れられる権利と中立性問題 …………………… 71
- 5 まとめ ………………………………………………………………… 72

第6章 ソーシャルネットワークサービス（SNS） 73

- 1 ソーシャルネットワークとは ……………………………………… 73
- 2 個人のプロフィール公開 …………………………………………… 74
- 3 つながりとコミュニティ …………………………………………… 79
- 4 SNS が起こした革命？ ……………………………………………… 81

第7章 スモールワールドとスケールフリーネットワーク 85

- 1 スモールワールド …………………………………………………… 85
- 2 スケールフリーネットワーク ……………………………………… 91
- 3 スモールワールドとスケールフリー ……………………………… 97

第8章 ブログ（blog） 99

- 1 ブログとは …………………………………………………………… 99
- 2 CMS と ASP ………………………………………………………… 101
- 3 米国同時多発テロとブログ ………………………………………… 104
- 4 日本におけるブログの普及 ………………………………………… 107
- 5 まとめ ………………………………………………………………… 112

第9章 ストックとフロー 113

- 1 ストックとフロー …………………………………………………… 113
- 2 ２ちゃんねるとまとめサイト ……………………………………… 119
- 3 ブログ ………………………………………………………………… 122
- 4 ストックとフローの使い分け ……………………………………… 124
- 5 まとめ ………………………………………………………………… 127

第10章 ネットトラブル 128

- 1 インターネットのトラブルとは …………………………………… 128
- 2 金銭トラブル ………………………………………………………… 128
- 3 管理トラブル ………………………………………………………… 140
- 4 心身トラブル ………………………………………………………… 145

目次

第11章 ネットトラブル コミュニケーションに関するトラブル　146
1. コミュニケーショントラブルとは……………………………………………… 146
2. 詐欺などへの誘導………………………………………………………………… 146
3. 誘い出し…………………………………………………………………………… 151
4. 不適切な情報発信………………………………………………………………… 155

第12章 炎上の過程と炎上事例　160
1. 炎上とは…………………………………………………………………………… 160
2. 不適切情報とは…………………………………………………………………… 166
3. まとめ……………………………………………………………………………… 176

第13章 炎上の構造と収め方　177
1. 噂の公式と炎上の公式…………………………………………………………… 177
2. 炎上予防…………………………………………………………………………… 181
3. 自らが炎上してしまったら……………………………………………………… 185
4. 自分の組織の所属員が炎上トラブルに巻き込まれた場合…………………… 186
5. 日頃のお付き合いを大切に……………………………………………………… 187

第14章 政治とインターネット（ネット選挙）　189
1. 政治とインターネット…………………………………………………………… 189
2. ネット選挙でできることとできないこと……………………………………… 190
3. ネット選挙の効果………………………………………………………………… 193
4. ネット選挙をどう戦うべきか…………………………………………………… 195
5. まとめ……………………………………………………………………………… 198

終章 まとめ　199

索引 …………………………………………………………………………………… 200

序章
ネットの炎上予防と対策のための情報倫理

　インターネットが普及し、筆者はインターネット経由で様々な人とコミュニケーションをとれるようになりました。

　SNS（social networking service）で小学生の頃の同級生とつながったり、ブログで著名人からアドバイスをもらえたりなど、新たな出会いのチャンスが広がっています。本書を読んでいるみなさんの中でもインターネットを利用して友人関係を広げている人が多いでしょう。

　しかし、その一方で炎上などのトラブルも増えています。何気なく発信した情報がインターネット経由で批判され停学や退学の処罰を受ける、内定先から内定を取り消される、最悪の場合は心の病になることもあります。

　インターネットは人生を豊かにしてくれる一方、とんでもない不幸も招くもろ刃の剣といっても過言ではありません。

　本書では炎上を予防するために情報とは何か（第1章）、インターネットとは何か（第2章〜第4章）、インターネット上のコミュニケーションサービスであるブログやSNS（第6章〜第8章）とは何かということを学びます。それぞれのシステム的な特徴を把握したうえで、インターネットの「ストックとフロー」、「6次のつながり」、「スモールワールド」などの概念を理解します。また、炎上の社会的背景や構造を理解し、炎上しない情報発信の知識を身につけましょう。

　そして、個人・企業および政治の場での利用方法などを身につけ、より豊かで楽しい人生を過ごせるような知恵をつけていただきたいと思います。

炎上について

　炎上は条件さえそろえば誰でもどこでもいつでも起こります。日本では皇族や政府の高官も炎上したことがあります。大学の教員もあります。バイト先で食べ物を粗末に扱って炎上したアルバイトの人、感情的になって起こしてしまった暴力事件を武勇伝のように語って炎上した大学生など色々な事例があります（第13章参照）

ネットだけでは収まらない炎上被害

　炎上はネット上だけでは収まりません。その人が誰かというのを突き止められ、所属先や家族の関係する場所に嫌がらせをされることもあります。退学や解雇をせまられたり、人格攻撃

序章 ネットの炎上予防と対策のための情報倫理

を仕掛けられたりすることもあります。騒動が大きくなれば新聞などで大きく報道されることもあります。

「ネットで実名や所属先を明らかにしていないから身元はばれない」と思っていてもそれは大きな間違いです。ネット上のログから身元を探すのは比較的容易です。

たとえば、行動履歴や言葉遣いだけでもその人が誰かを推測することが可能です。「三田・日吉・藤沢」を行き来していれば慶應義塾大学の関係者であることが推測できます。「本部・大久保」という言葉を使っていれば早稲田大学の関係者でしょう。「生田と駿河台」、「駒場と本郷」などでも大学名を推測することが可能です。「今日は運動会」という一言で、運動会がその日に行われた学校を調べ上げられ、そのほかの状況と付き合わされて身元がばれたというケースも存在します。

身元がわかると、嫌がらせの電話が殺到します。退学させろ、懲戒処分にせよなどです。組織が守ってくれることもありますが、騒動になればなんらかの処分は下るでしょう。学生であれば停学や退学の処分、社会人であれば懲戒などの処分が下されることがあります。内定先に嫌がらせの電話をされて内定を取り消されたケースもあります。また両親の所属先に嫌がらせの電話が殺到したケースも存在します。両親が嫌がらせに耐えかねて、騒動を起こした子供を退学させたという例も存在します。

スモールワールド・狭い世間に伝わる情報

自分の発信した情報など、友達ぐらいしか見ないだろうということはありません。世間は思った以上に狭いのです。

世間は狭いということを学術的には「スモールワールド[1]」と表現します。スモールワールドは社会心理学者スタンレー・ミルグラムが行った社会実験から生まれた概念で「友達の友達」と6回繰り返す＝6次のつながりで世界中のすべての人がつながってしまう、とされています。何気なく発した不適切な一言が、友達の友達の友達とつながることで日本中、世界中の人に伝わってしまいます（第7章参照）

情報が多くの人に伝わることはなにも悪いことばかりではありません。マット（Dancing Matt）やスーザンボイル（Susan Boyle）のように普通の人から世界的なスターダムに上り詰める人もいます。素晴らしいもの、評価されるべきものが正当に評価される世界です。

その一方で、悪いこともすぐに伝播してしまいます。特に触法行為や反道徳的行為、誰かの陰口などはあっという間に広がってしまいます。

狭い世の中にはいろんな種類の人がいます。価値観も多様です。心の病をかかえて苦しんでいる人もいます。何気なく発した言葉がその人の心を傷つけてしまうこともあるのです。

フローではくストックで起こる炎上

たとえば、あなたが未成年なのに、飲酒をにおわせるような記事を過去に書いたとしましょ

う。大学生にもなればコンパなどでお酒を飲む機会も増えてきます。未成年ですからアルコール飲料を飲むことはできませんが、コンパで盛り上がって飲んだような誤解を受ける記事をあげてしまうかもしれません。当時は偶然にも誰の話題にもならず、友達同士の間で見られているだけでした。

しかし、ある日あなたが誰かを不愉快にさせるような記事を書き、不愉快にさせられた人たちから攻撃されたとします。不愉快にさせられた人たちはあなたの過去記事を漁り、挙げ足を取ろうとします。その中に未成年なのに飲酒をしているようににおわせる記事があれば格好の攻撃の材料となるでしょう。コンパでの集合写真に灰皿と吸い殻があれば、未成年喫煙だと誤解されるかもしれません。違法ですから相手は堂々と攻撃してきます。過去記事から所属先をあばき、行動履歴や知人友人関係からあなたが誰かを特定するでしょう。実名でSNSをやっていれば比較的容易に特定されてしまうかもしれません。

実名がばれた段階で、所属先や家族・親せき縁者に嫌がらせが始まります。電話で学校に対して退学をせまる、親の会社にあいつの子供はとんでもない奴だといわれる、またひどいものになれば警察に通報されるような場合もあります。

そうなってしまえば、とても平穏な生活を送ることはできません。ＳＮＳにあるあなたの顔写真は誰か見知らぬ人が保存してしまっているでしょう。どこかのパソコンに保存されてしまえば、消すことは不可能です。あなたの名前を検索するとその騒動をまとめたサイトが最初に表示されるかもしれません。そのことが就職、結婚、人生の様々な分岐点でそれら行為があなたに不利に働き続けることになります。

日々更新していた何気ない日常の情報（フロー）であっても、フローせずにネット上に蓄積（ストック）されています。いったん注目を浴びると蓄積のなかから極端な部分だけがピックアップ（まとめ）されます（第8章）。

自分の身を守るためにも、日々の情報発信から気を付ける必要があるのです。

被害者にならないための、加害者にならないための情報倫理

私たちがインターネットを使う目的は人生を豊かにするためです。自らが不幸になるため、他人を不幸にするために使っているわけではありません。被害者にならない、加害者にならないためにも情報リテラシーや情報モラル・関連する法律の知識が必要になります。

情報リテラシー

リテラシー（literacy）とは識字のことを指す言葉です。文字が読み書きできる能力を指します。情報リテラシー（information literacy）となると識字ではなく活用する能力として解釈されます。特にインターネットが普及し、情報機器を利用した情報リテラシーをITリテラシー（information technology literacy）、情報を読み取ることのリテラシーをメディアリテラシー（media literacy）と分けることもあります。本書では、これら全体を踏まえ情報リテラシー

序章　ネットの炎上予防と対策のための情報倫理

という言葉で統一します。

情報リテラシーは様々な情報を活用する能力（情報活用能力）です。特に、インターネットはすべてを見きれないほどの情報があふれています。その中には間違った情報や極端に偏った情報も含まれます。検索の方法や利用しているサービスでも得られる情報が違ってきます。正しい情報を入手し、正確に判断する。判断を間違えないためのベースのスキルが情報リテラシーの1つです。

もう1つは情報の発信能力です。時間・場所・状況（TPO）によって、どの情報が不適切で、どの情報が適切なのかを判断する能力が必要です。未成年なのに飲酒や喫煙を疑われるような写真を掲載しないなどが基本です。また、政治・スポーツ・宗教など、他人と気軽に話してはいけない話題も不用意に関わってはいけません（第13章）。

情報モラル・法律の知識

情報リテラシーを生かすためには情報倫理（情報モラル）も必要になります。

情報倫理とは、インターネットなどの情報ネットワークを使う際のルール・規範のことです。成文化されたルールは法律、成文化されていないものはマナーや道徳にあたります。

たとえば、他人の顔を勝手に撮影してインターネット上で公開してはいけません。肖像権の侵害になります。他人を貶める意図で、あることないことを書けば、名誉毀損に問われます。事実を書いたとしても他人を貶める意図があれば、名誉毀損は成立します。会社の重要情報を漏らしてしまえば、守秘義務違反に問われます。

法律に違反していなくても、マナーや道徳も守らなくてはいけません。SNSで見知らぬ人からの友達申請を安易に許可しない、自分の写真でもむやみやたらにインターネット上で公開しない、などです。また、名誉毀損にいたらないとしても、他人の悪口や誹謗中傷は慎んだほうがよいでしょう。

法律は国家権力による強制力（罰則等）があります。法律になくて慣習や道徳に違反すれば批判が殺到し、あなたが何らかの懲罰を受けるまでやみません。

ネットの炎上予防と対策のための情報倫理

私たちはインターネットを自分の人生を豊かにするために使っています。

インターネットを有効に使い、人生を豊かにした人は多く存在します。レシピブログが評判を呼び、レシピ本を出版することになった主婦、ツイッターでの発言で評価を得て、テレビや新聞に引っ張りだこの若手評論家、アプリ作成の腕を見込まれて引き抜きにあったプログラマーなど、インターネットがなければ、起こり得なかったような人生の大転換を迎えました。

また、SNSを活用して数億円のヒット商品を開発した会社や、ネットでの評判によって最多得票で当選した区議など、ビジネスや政治にも影響を与えています。

インターネットをより有効に活用するために、炎上トラブルを予防と対応のための能力を磨く必要があります。本書では、そのための情報の概念論や技術論からはじまり、トラブル事例や予防・対応方法などを解説しています。

本書がみなさんのより豊かな人生のための道標になれば幸いです。

【引用】
[1] ダンカン ワッツ（著）, 辻竜平（翻訳）, 友知政樹（翻訳）
『スモールワールド・ネットワーク ―世界を知るための新科学的思考法』
阪急コミュニケーションズ　2004年

第 1 章
社会と情報についての基礎

　本章は社会における情報について、近代以降の情報流通からインターネットまでの流れについて説明します。

1 情報とは

そもそも「情報」とはなんでしょう？
広辞苑[1]によれば「情報」とは

> (information)
> ①あることがらについてのしらせ。
> ②判断を下したり行動を起こしたりするために必要な、種々の媒体を介しての知識

とされています。
　日本において、「情報」という言葉そのものは幕末期に軍事用語として登場しました。幕末期にフランス軍制を取り入れる際、フランス語の renseignement を「敵情の報知」、これを略して「情報」としたという記録が残っています[2]。「敵情の報知」とは偵察によって得られた敵の動きを伝えることです。近代において国民国家が成立し、近代軍制が整えられる過程で、それまでなかった概念として登場しています。
　「情報」が、現在のような意味合いで定着したのは戦後になってからです。1960 年、情報処理学会が設立した際に、Information Processing を情報処理として和訳されたというのは有名な話です。データ処理の技術、特に、大量のデータ処理がビジネスなどで活用されるとともに「information」＝情報として定着し、現在に至っています。
　「information」のもう 1 つの和訳である「案内」（あんない・あない）が古くから日本にあった言葉であるのに対し、「情報」は戦後の電子計算機の普及に伴って定着した言葉であるともいえます。
　情報処理技術は、ビジネスで大量のデータを処理するために活用されました。電子計算機などの機械は OA（Office Automation）機器と称されました。それまで手作業であったデータ処理は、電子計算機によって自動化されました。将来的に紙をまったく使わない「ペーパーレス」

になることが期待されていました。

　特に、電子計算機のネットワーク化＝インターネットが普及し、ビジネスや日常生活に活用されるようになると、情報を扱うことそのものがビジネスとして成立しました。いわゆるIT企業（IT: information technology）の登場です。

　さらに、現在の時代を表す言葉として情報社会・情報化社会などという場合もあります。情報は社会の主要な要素の1つとなっています。

1.1　データと情報と知識と知恵

　情報学の観点でみると、「情報 (information)」は「データ（data）」と「知識 (knowledge)」の間に存在します[3]。私たちはデータや知恵までを総称して「情報」と表現することがあります。総称された情報は以下の4つに分類することが可能です。

　　1）事実や数値そのものは「データ（data）」です。
　　2）データを関連付けたものが「情報 (information)」です。
　　3）体系化された情報が「知識 (knowledge)」です。
　　4）知識を活用することを「知恵 (wisdom)」といいます

　私たちは知恵を使うために、データを収取し、情報に加工し、体系化して知識にします（**図1-1**）。

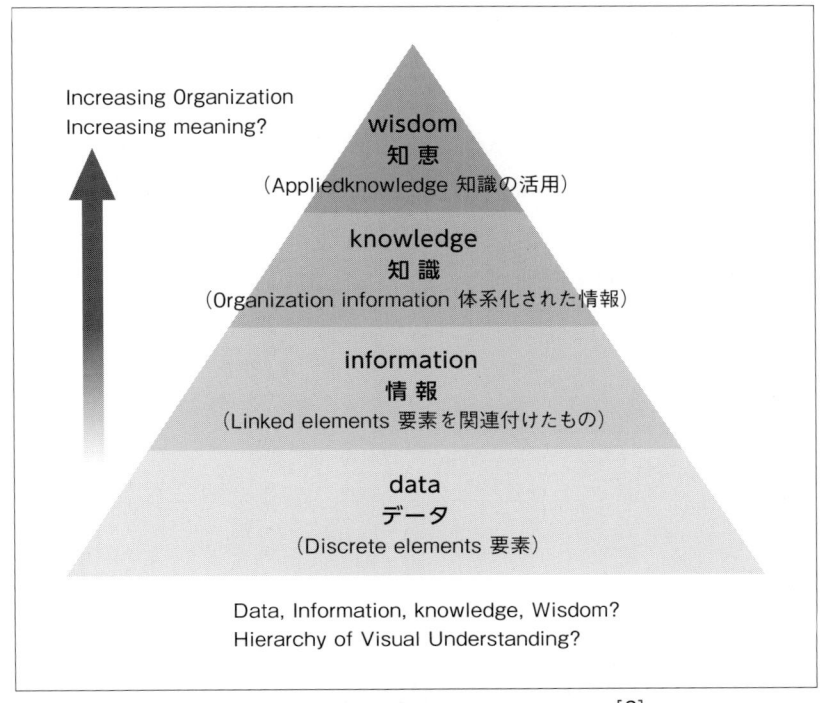

図1-1　データ・情報・知識・知恵の関係[3]

第1章 社会と情報についての基礎

2 天気図にみる「情報」

　天気予報を例にとって、「データ」、「情報」、「知識」、「知恵」の関係を説明しましょう。**図1-2**は平成25年5月6日18時の気象庁発表の天気図です。この天気図は気象観測点から与えられた気圧と風速・風向をもとに作られています。みなさんはこの天気図を見てどう思いますか？　何がデータで、何が情報で、何が知識で、何が知恵にあたるのか考えてみましょう。

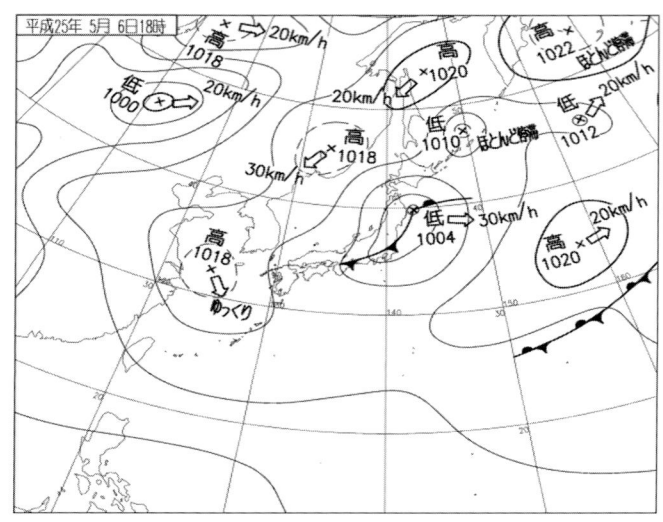

図1-2　気象庁発表の平成25年5月6日18時の天気図[4]

2.1 データ（data）とは

　天気予報において、各地点の気圧や風速・風向を集計したものがデータにあたります。A地点の一昨日の12時の気圧が970hPa、昨日の12時の気圧が980hPa、今日の12時が1000hPa、B地点の一昨日の気圧が……と地点ごとの数値を集計したものがデータです。データはただの数字の羅列です（**図1-3**）。

図1-3　平成25年5月6日20時の気象データ[4]

2.2 情報 (information) とは

データを、それぞれの関連付けたうえで加工し、判断の材料として提供したものが情報です。ある時点でのすべての地点のデータを関連付けたり、ある地点での時系列のデータを関連付けたりすることで「意味」が生まれてきます。

ある時点でのすべてのデータを関連付けして、「意味」を持たせたものが天気図です。地図上に、観測地点の気圧や風力・風向などをもとに等圧線や前線などの位置を書き込んでいきます。等圧線の円の中心が高気圧もしくは低気圧です。

さらに、この天気図を時系列で見ていくことで、高気圧・低気圧がどのように動いているのか、前線がどうなっているのか、などがわかります。これが情報にあたります。

2.3 知識 (knowledge) とは

情報を体系化したものが知識です。知恵があれば、情報をもとに未来を予測することが可能になります。

前線付近では雨がふり風が強くなる、寒冷前線が通過すると気温が下がる、などと与えられた情報をもとに、知識を活用して天気を予測します。過去の経験から導き出されたものもあれば、実証の中で導き出されたものもあります。

天気予報は、まさに、気象観測の「データ」をもとに、データを関連付けて「情報」にし、情報をもとに「知識」を利用して未来予測をすることです。図1-4のように、明日を予測することは現在では容易にできるようになり、週間予報や長期予報など、比較的遠い将来もある程度予測できるようになりました。

情報をもとにしない未来予測は「勘」とよばれます。勘は個人の「なんとなくそう思う」ということを根拠に未来を予測します。これは知識とは別です。

2.4 知恵 (wisdom) とは

知識から得られた未来の予測から、未来に向けて最適な行動をすることが「知恵（wisdom）」です。

皆さんも、「夕方から雨が降りそうだ」という予報があれば、傘を持って出かけるでしょう。傘を持って出かけ、雨に濡れないようにするという行動が「知恵」にあたります。

図1-3のデータ、図1-2の天気図、図1-4の天気予報、それぞれがデータ・情報・知識にあたります。図1-3のデータから「今日は雨が降りそうだ」と判断できる人は少ないはずです。また図1-2の情報から、「しばらく雨は降らなそうだ」と判断できる人は、それなりの気象に関しての知識を持っている方に限られるはずです。

多くの人は、図1-4の「あなたの住んでいる地域、今日は晴れますよ」という知識によって今日の行動を判断しているはずです。

第1章 社会と情報についての基礎

しかし、「今日は晴れる」、「今日は雨が降る」という知識だけでは何も役に立ちません。晴れそうなら洗濯物を干したままにしておく、雨が降りそうなら傘を持って出かける、台風がきそうなら外出は避ける、雪が降りそうなら電車が止まるかもしれないから早めに帰るなど、未来において、最善の選択を得るために行動することが「知恵」にあたります。

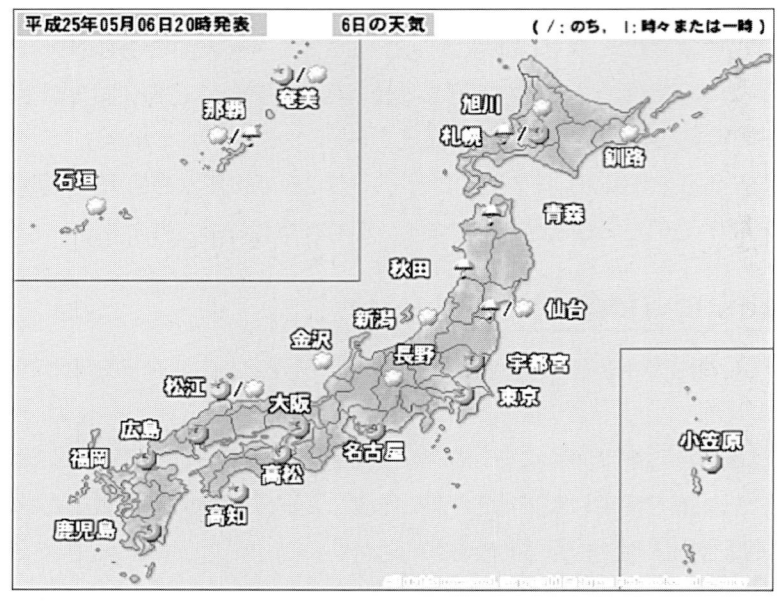

図1-4 平成25年5月6日夜の天気予報[4]

2.5 情報時代

知識だけあっても情報がなければ判断できません。データがなければ情報を作り出すことはできません。逆に、データだけあっても関連付けがされなければ情報にすることはできません。同様に、情報があっても知識がなければ知恵にすることはできません。

未来予測は天気予報だけではありません。私たちは子育てや就職、またはビジネスに至るまで様々な場面で、「判断」をする必要に迫られます。豊かな人生を過ごすためには、知恵を生かして最適な解を見つける必要があります。

電子計算機の登場で、大量のデータを処理することが可能になり、多くの情報を得ることが可能になりました。私たちはそんな「情報時代」を生きていく中で、どのような知識や知恵をもてばいいのでしょう？

 データ・情報・知識・知恵について、スポーツ（野球やサッカー）を例に関連を説明しなさい。

3 近代と情報

現在のことを、情報社会もしくは情報化社会ということがあります。まずは、近代において情報がどのように利用されてきたのかを振り返ってみましょう。

3.1 近代とその区分

近代とは、近世と現代の間にある時代区分です。英語で「modern」＝モダン、といいます。

近代の定義は諸説あります。日本でいえば、平家政権成立前を古代、平家政権成立から江戸幕府の成立までを中世、江戸時代を近世、明治から戦前までを近代、戦後を現代とする区分が一般的です。

欧州では、ルネサンスからフランス革命までを近世、フランス革命後の国民国家の成立からナチスドイツの崩壊までを近代、ナチスドイツ崩壊後を現代とする区分が一般的です。

区分には諸説あり、中世の後の近世を含めて近代とするもの、中世・近世・近代・現代がすべて近代であるとするもの、中世と近世を中世とし、近代と現代を近代とするものなど、たくさんの解釈があります。さらには、現代に関してはソビエト崩壊や東欧革命をもって、新しい区分とする考えもあります。しかし、時代はまさに「現在進行中」であり、後の時代への影響を考慮したうえで、どの事象が大きな時代の転換点であるというのは後の人たちの判断に任せましょう。

3.2 国民国家（Nation state）と情報

近代はフランス革命に象徴される「国民国家の成立」が始まりとされています。日本でいえば、王政復古の大号令による明治政府の成立がそれにあたります。ほかにも、日米和親条約の締結＝開国をもって、近代の成立とする説もあります。幕末から明治初期にかけての変化が近世から近代への大きな変化であったといえます。

国民国家とは封建とは違い、その地域＝国の住民が主体となって成立している国家体制のことです。わかりやすくいうと、それまで「王様のもの」であった地域が「住んでいる人のもの」になったということです。

国民国家を支えるためには国民が知恵を持って、自ら治世を行わなければいけません。明治期の知識人である福澤諭吉は『学問のすゝめ』において、

> 西洋の諺に愚民の上に苛き政府ありとはこの事なり。こは政府の苛きにあらず、愚民の自ら招く災いなり。愚民の上に苛き政府あれば、良民の上には良き政府あるの理なり。

と、説いています。愚かな人が集まれば愚かな国が、賢い人が集まれば賢い国があるとして、人が賢くなるために学ぶことの重要性を説いています。

第 1 章 社会と情報についての基礎

　また、国民国家成立のために、「情報」の重要性も説いています。福澤は『民情一新』（**図 1-5**）において、蒸気機関・電信・印刷・郵便が、19 世紀の急激な文明化につながったと指摘しています。

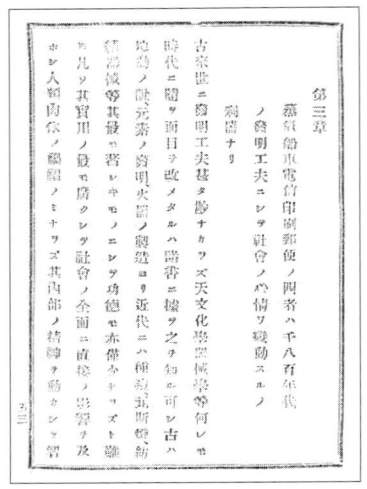

図 1-5　福沢諭吉「民情一新」　慶應義塾大学 Digital Gallery より

3.3　印刷物が生んだ国民国家

　1450 年頃、グーテンベルグによって確立された活版印刷技術が、聖書の印刷により宗教革命をもたらしました。ルターによる宗教革命が、ドイツに田舎で起きた局地的な異端現象にとどまらなかったのは、印刷による情報流通の影響が大きいとされています。自らの考え方を印刷したパンフレットが全欧に流通することにより、時間的・地理的障害がなくなり、各地で持続的な革命運動が起こりました。また、印刷物が翻訳されて複数言語で流通したことが、言語的な障害を乗り越えました。

　逆に、ある近い言語が印刷物により統一されたことで、「母国語」が登場しました。母国語を共にする「民族」が登場し、国民国家形成へとつながります。

3.4　国民国家と新聞とコーヒーハウス

　印刷物が新聞へと発展していったのは、清教徒革命の影響が大きいとされています。17 世紀初期に、英国で起こった清教徒革命は、国王の権威の失墜や既存出版の弱体化を招き、英国内に 3 万を超える出版物が現れました。

　出版物が新聞＝ジャーナリズムへ変化していく過程において、重要な役割を果たしたのがコーヒーハウスです。コーヒーハウスは 18 世紀のイギリスで登場した文字どおり「コーヒー」を飲む場所です。コーヒーハウスには多くの出版物が置いてあり、客は自由に読むことができました。また、サロン的にも利用されており、談笑や議論が行われました。フランスにも「サ

ロン」が登場し、国家を支える「賢き人」が育っていきます。

　日本においては、近世・江戸時代は「かわら版」が存在しました。庶民が紙による情報受信をする市場が育っていたといえます。明治維新を経て、新しい国家像を求めるなかで、国内の情報流通を支えたのが新聞です。知識人を対象とした漢文ベースの「大新聞」と、庶民を対象とした読み仮名がついている「小新聞」、絵を中心とした「錦絵新聞」などがありました。

3.5　日露戦争と日比谷焼打事件

　新聞は近代社会＝国民国家を作るうえで、情報流通の要でした。要であるがゆえに、国民を誤らせてしまうこともあります。その例の1つが日露戦争後に起きた日比谷焼打事件です。

　日露戦争は1904年から1905年までの間、朝鮮半島や満州などを主戦場に日本とロシアの間で行われた戦争です。旅順要塞の攻防や日本海海戦など幾多の激戦のすえ、実質的に日本が勝利を収めました。

　日露の講和条約であるポーツマス条約が締結されると、日本では暴動が起こりました。賠償金が取れないという理由から、日本各地で抗議集会が起こりました。1905年9月5日、日比谷公園の集会に集まった人たちが暴徒となったのが日比谷焼打事件です。政府寄りとされた国民新聞社や交番などが焼打ちにあいました。

　なぜこのような愚かな事件が起きたのでしょう。日本はロシアとの講和により南樺太の割譲や遼東半島の租借権譲渡などを得ました。その代わり、ロシア側が賠償金について拒んだため1円も賠償金をとることができませんでした。この内容を今から振り返れば、日露戦争はぎりぎりの勝利であり、領土的な財産を譲ってもらえただけでもありがたいといえます。

　しかし、当時の新聞は日露戦争の戦況を「日本軍は連戦連勝！」と報じていました。重税にあえいでいた国民は、賠償金で自分たちの暮らしが楽になることを待ち焦がれていました。日清戦争では国家予算の3倍にあたる2億両の賠償金を得たこともあり、その数倍の損害を出した日露戦争の成果に国民は期待していました。

　戦争に勝てば賠償金がもらえるという知識があったがゆえに、連戦連勝という間違った情報により判断を誤った例といえるでしょう。戦争状態では国民一人ひとりが戦場を見て回ったり、外交交渉の場に立ち会って交渉の状態を把握したりはできません。

　新聞は国民国家において、国民の重要な情報源であります。日比谷焼打事件はその負の側面が現れてしまった事件といえます。

3.6　近代とラジオ

　無線技術は1864年のマクスウェルによる電磁波理論がもととなり、1888年にヘルツが電磁波理論を実験で確認、1895年にマルコーニによって実用化されました。1901年にはマルコーニが太平洋横断通信を成功させています。その後、勃発した第一次世界大戦はラジオの下地となる無線技術の発達を促し、多くの無線技術師を生み出しました。第一次大戦が終結する

第1章 社会と情報についての基礎

と、軍隊で無線技術を学んだ帰還兵たちが、無線技術を利用したサービス＝ラジオを発展させます。

ラジオは、アメリカのペンシルバニア州ピッツバーグで1922年に実用化され、日本では、関東大震災の後、1923年に放送が開始されました。ドイツでも同じく、1923年から放送が始まっています。

ラジオは、「プッシュ型メディア」です。プッシュ型メディアとは、送り手側が情報を選択して一方的に受け手側に送ることができるメディアです。テレビや新聞などもプッシュ型メディアにあたります。プッシュ型メディアは、自ら情報を選択する手間がないために、手軽に情報を得ることができます。その反面、送り手側の悪意を防ぐことが難しく、扇動の道具に使われてしまうという側面もあります（プッシュ型メディアの反対は、「プル型メディア」です。映画や本、インターネットなどがこれにあたります。プル型メディアは、受け手側が情報を選択して情報を得ることができます）。

ラジオは大衆に受け入れられました。特に、音楽との相性がよくヒット曲を多く生み出しました。ラジオが生んだヒット曲として、日本では、「リンゴの唄」が有名です。

3.7 ナチとラジオ

近代において、情報をもっとも活用（悪用）したのがナチです。ナチは国民扇動の手段としてラジオを利用しました。

ナチは国家社会主義ドイツ労働者党の蔑称Nazi（ナーツィ）で、1933年から1945年までドイツの政権を担い独裁体制を敷きました。当時のドイツをドイツ第3帝国と呼んだり、ナチスドイツと呼んだりします。ホロコーストに象徴されるユダヤ人迫害など、世界史の中に多くの「負の遺産」を残しています。ナチは近代における誤りの象象徴といえるでしょう。

1933年に、政権についたナチスは、宣伝相のゲッペルスが、プロパガンダの道具としてラジオを利用し、それまで高価であったラジオを誰でも買える値段にしました。「国民ラジオ」と名付けられたそのラジオは、一般家庭に広く普及しました。国民ラジオは受信できる周波帯が限定されており、実質的にナチのプロパガンダ放送しか受信できないラジオでした。

国民ラジオを一言でいえば、「発信装置を取り除いて受信専用にした無線機器」です。無線そのものは双方向通信技術であるにも関わらず、あえて受信専用として、一方的に情報を送りつける装置として最大限の悪用をされました。国民ラジオによって、一方的に情報を送りつけられたドイツ国民は正確な判断ができなくなりました。その結果、第2次世界大戦の悲劇を招きます。

3.8 宇宙戦争事件

ラジオにおいて有名な事件の1つが、1938年10月30日に起きた、「宇宙戦争事件」です。宇宙戦争事件とは、イギリスの作家ハーバート・ジョージ・ウェルズが1898年に発表した

SF小説を、アメリカのラジオ局のCBSがラジオドラマとして放送したところ、本当に火星人が侵略してきたと勘違いした視聴者がパニックになったという事件です。

番組表にも載っており、これはフィクションですというお断りが冒頭にあったのですが、途中からドラマを聴き始めた人にはそれはわかりません。さらに、ドラマはニュース放送形式のドラマであったというのが、重ねて誤解を生む原因となりました。

「火星人が攻めてきたぞ！」という伝言を聞いた人が、ラジオでその事実を確認しようとすれば、まさに、ラジオからニュース放送形式のドラマが流れてきます。警察などに確認しようとして電話をしても、電話が殺到していて不通になっている。表に出ると多くの人がパニックになっている。そのような状況が重なっていくことで、全米で120万人の人がパニックに陥ったとされています。

複数の情報源（新聞のラジオ欄を見る、他のラジオ局を聴いてみる）を確認するということをしていればパニックは防げたはずです。

3.9 近代と情報の悲劇

近代は国民国家の成長の歴史といっても過言ではありません。国民が自らの国の将来を考えある判断をする際、十分な知恵と知識が必要です。知識は情報によってもたらされます。権力者はその情報を統制することで、国民の判断を誤らせることができます。

日本において、戦前の情報統制の名残りは現在も残っています。地方新聞は現在ほとんどが「1県1紙」です。宮城は河北新報、静岡は静岡新聞、鳥取は日本海新聞などです。これは戦前の「新聞統制」の影響です。国家総動員法における新聞事業令などにより、複数あった県内紙が1つに統合されてしまいました。戦後になって新聞条例が廃止され、いくつかの「第2地方紙」が現れましたが、沖縄タイムスなどを除き、ほとんどが倒産してしまいました。

仮に、悪意のある権力者がその数少ない情報源をコントロールできるようになったらどうなるのでしょうか？　また、宇宙戦争のように真実か真実でないかわからない情報あったとき、私たちはどう確認したらよいのでしょうか？

近代における情報の悪用や失敗は、いろいろな教訓を残してくれました。

近代における情報の意味合いを、国民国家の観点からまとめてください。

第1章 社会と情報についての基礎

4 現代と情報

情報社会となった「今」を、現代のなかの情報の役割などを含めて振り返ってみましょう。

4.1 現代とは

今の時代区分は、はたして「現代」なのだろうか？ というのは議論があるところです。近代の終わりはいつなのか？ むしろ今は近代ではないのか？ また、現代は2つあり東欧革命からソ連崩壊までの過程の前後で分けるべきだ、という考え方や、近代の終わりは東欧革命で、以降が現代である、という考え方もあります。

ここでは、社会学的な時代区分としてではなく、第2次世界大戦後の世界の中で起こった情報に関する事象について、「現代」という表現を使って説明をします。

4.2 現代とテレビ

現代と情報を象徴するものの1つにテレビがあります。テレビ（テレビジョン）は遠くに動画を送信する技術です。現代において、大量に情報を頒布するための道具として使われています。

日本もテレビ開発には重要な役割をしています。1929年に、ブラウン管テレビを世界で初めて開発したのが浜松工業高校（現：静岡大学工学部）です。最初の放送で映し出されたのが「イ」の文字というのは有名な話です。

1928年にアメリカのWGY局が実験放送でテレビ放送を開始しました。日本では、1953年にNHKが本放送を開始しました。

4.3 皇太子殿下・美智子様ご成婚と東京五輪

日本においてテレビが普及するきっかけとなったのが、1959年4月10日、当時の皇太子殿下と正田美智子さんのご成婚と、1964年に行われた東京五輪です。

1945年8月に戦争が終わり、1952年4月に講和条約が発効、1956年7月に発表された経済白書には「もはや戦後ではない」と記述されました。1958年から岩戸景気（1958年7月～1961年12月）が始まっています。1958年10月の東京タワーが竣工、1959年5月に東京オリンピックの開催決定（1964年開催）と合わせて、戦後の復興の象徴となりました。

しかも美智子さんは初めて民間人（皇族や華族以外）から皇太子妃になったことや、皇太子殿下と美智子さんが自由恋愛の中で婚約（テニスコートの恋といわれました）に至ったことなどが、戦後の自由と民主主義の空気と相まって、多くの人に「時代の変化」を感じさせました。

婚約が発表されると美智子さんの髪形や服を模倣する女性が現れるなど、いわゆる「ミッチーブーム」が起こりました。また、ご成婚パレードを見ようと自宅用としてテレビを買う人が増えました。NHKの受信契約は1958年には90万件だったものが、翌年には198万件と倍増しています（**図1-6**）

4　現代と情報

　ご成婚の翌5月に、東京での五輪開催が決定しました。アジアで初めての開催、さらには第2次世界大戦後に植民地支配から独立したアジア・アフリカ諸国の参加など、世界史的にも意義のあるものでした。陸上男子マラソンで3位になった円谷幸吉選手、東洋の魔女といわれた女子バレーチームなど、多くのヒーロー・ヒロインも生み出しました。

　東京は1940年の五輪開催が決定したものの、第2次世界大戦の影響で開催を返上しました。そのため、五輪開催は第2次世界大戦で敗戦国となった後、国際社会に復帰することの象徴的な意味合いもありました。

　ご成婚の後の東京五輪に向けてテレビが買われ、1962年にはラジオの契約数をテレビが追い越しました。ご成婚と東京五輪は、それまでのラジオや新聞中心の情報流通から、テレビ中心の情報流通への大きな転機となりました。

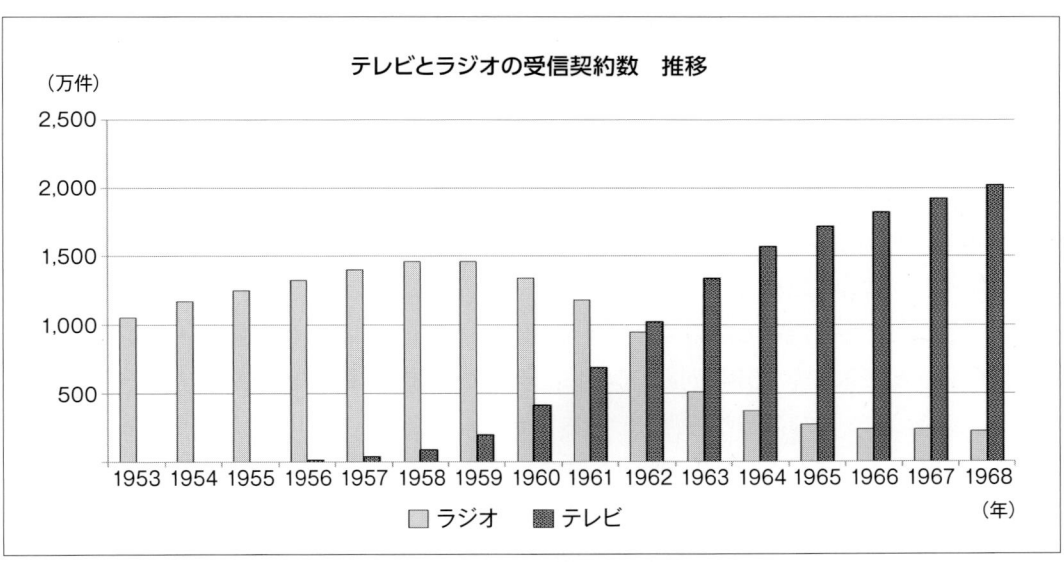

図1-6　NHKのラジオとテレビの受信契約数推移（NHK発表資料より）

　テレビは多くの文化・ヒーロー・ヒロインを生んできました。戦後間もないころ、テレビのヒーローといえば力道山です。戦後直後、シャープ兄弟と闘う姿は、街頭テレビの前に人を釘付けにしました。

　鉄腕アトムやドラえもんなどのアニメ文化、ウルトラマンやライダー・戦隊シリーズなどの特撮ヒーロー、山口百恵や松田聖子などのアイドルたちも、テレビが生んだ文化の1つです。

4.4　ケネディとテレビ

　テレビの影響力を決定づけたのは1960年の米国大統領選挙でした。この選挙でジョン・F・ケネディが現職副大統領のニクソンを破り、第35代米国大統領となりました。

　現職で実績のあるニクソンが、新人で実績のないケネディに負けてしまった理由はいくつかあげられますが、そのうちの1つがテレビ討論であるといわれています。

第1章 社会と情報についての基礎

テレビ討論の際、ケネディは濃い背広を着て顔にはメイキャップを施していました。ニクソンは薄い色の背広を着てメイキャップもせず、無精髭すら生えていました。

ラジオで討論を聞いていた人が討論にニクソンが勝ったと感じた反面、テレビを見ていた人はケネディが勝ったと思った、という逸話があります。

投票の結果、ケネディとニクソンの差は 0.2% でした。その有力な理由が、「テレビ討論での印象」で、テレビの影響の大きさを示したといわれています。

4.5 テレビ・ラジオと東欧革命

テレビ（とラジオ）が決定的な影響を及ぼしたのが、1980 年代後半から 90 年代にかけての東欧革命です。

当時ソ連の影響下にあった東欧諸国の人々は自由な情報収集ができませんでした。新聞・ラジオ・テレビは検閲され、日常会話すら盗聴される状態でした。

東側の人々は、国内に自由な情報流通がないにも関わらず、西側から飛んでくる電波を勝手に捕まえて情報を得ていました。

1989 年 8 月 19 日、ハンガリーで汎ヨーロッパ・ピクニックが成功すると、それをきっかけに同年 11 月 10 日東西を隔てていたベルリンの壁が崩壊しました。同年 12 月 3 日にブッシュ米国大統領とソ連のゴルバチョフ書記長がマルタ島で会談し、冷戦の終結を宣言しました。

このようなことが可能だったのは欧州が 1 つあたりの国家の面積が狭く、陸続きであるために、西側諸国と東側諸国が国境を接している場所も多い地域であるためです。

ドイツのように、1 つの国が東西に分断されているような場所は、もともと国境に電波を防ぐような山脈がありません。また東ドイツ国内にあるベルリンは西半分が西側の管理、そこから容易に東側へ電波を出すことができました。

さらに国境から遠い（オーストリアとは接しているが、中心部からは遠い）ハンガリーでは、人々は西側の電波が届く場所を探し求めました。時には山に登り、アンテナを高く上げ、受信をしました。彼らはそうして受信したテレビやラジオによって、西側諸国の情報を得ていました。

複数の情報にあたることで、自分たちの正しい状況を理解するとともに、独裁体制を打破したのです。

現代（冷戦終了まで）において、日本・欧州それぞれで情報が果たした役割を、テレビを軸にまとめてください。

5 情報革命？ インターネットの登場

将来、近代・現代の時代区分は大きく変わるかもしれません。

80年代から90年代の東欧革命・冷戦終結が政治的に見て大きな変化であることは間違いありません。しかし、もう1つ時代を変える要素があります。

インターネットの登場です。

5.1 インターネットの登場

インターネットは今や社会インフラとして定着し、携帯電話やパソコンなどで手軽に情報交換ができるようになりました。

インターネットに関わる技術開発は、主に米国の大学や研究所中心に進められてきました。米国の大学などは米国国防省とのつながりが強く（日本の大学が軍事から遠すぎるということもありますが）、当初は米国国防省が中心となって通信技術の研究開発が行われました。その中でデータをある大きさに区切って送る「パケット通信」の技術が開発されました。

インターネットはパケット通信技術を利用して、1969年米国の4つの大学と研究機関（カリフォルニア大学サンタバーバラ校・カルフォルニア大学ロサンゼルス校・スタンフォード研究所・ユタ大学）を結んだARPANET（Advanced Research Projects Agency Network）が元とされています。

ARPANET誕生からわずか数年で、50以上の大学や研究機関がネットワークに参加しました。1970年には通信規約のTCP/IPが開発され、1983年にTCP/IPがAPRNETのプロトコル群として正式採用されました。現在でも、インターネットのプロトコル群はTCP/IPが利用されています（第2章参照）。

日本では1984年、慶應義塾大学と東京工業大学の間で結ばれたネットワークが最初です。そのあと東京大学も加わり、日本のインターネットは、JUNET（Japan University NETwork）と呼ばれました。慶應義塾大学と東京工業大学を結んだのは、当時慶大に籍があり、東工大と交流のあった村井純さん（現在は慶應義塾大学教授）でした。村井さんの名前「純（じゅん）」がJUNETの由来の1つともいわれています。JUNETはARPANETと相互接続しインターネットの原型の1つとなりました（一説では、このJUNETとARPANETが太平洋を挟んでつながったのが最初の「インター」「ネットワーク」＝ネットワークの相互接続、であるともいわれています）。

1980年代後半にはインターネットの商用利用が解禁されました。日本でも、1993年にIIJ（株式会社インターネットイニシアティブ）によって商用利用が始まり、現在のような普及に至ります。

第1章 社会と情報についての基礎

5.2 核戦争が作ったインターネット？

「インターネットは米国防省により米国が核の攻撃された際に最後まで生き残るネットワークとして作られた」というのは間違いです。

そもそも、米国の技術開発の最大スポンサーは米国国防省です。通信のみならず画像処理や人工知能など、様々な基礎研究を支えています。インターネットで使われているいくつかの技術もその基礎研究の中から生まれてきました。

インターネットは分散型ネットワークであるために集中型ネットワークよりも核などの攻撃に強いというのは事実です。

結果的に、上記の2点が混同され主従逆転し、過去に一部メディアなど（また現在でもありますが）でインターネットは米国防省によって核戦争に備えて作られたという話になってしまっているのです。

5.3 インターネットのインパクト

インターネットの登場は、社会に大きな影響を与えました。特に電子メールとWeb技術は私たちの生活に大きな影響を与えています。

日本では、2013年4月に公職選挙法が改正され、選挙活動にインターネットを利用することができるようになり、政治においても利用されるなど、テレビやラジオ・新聞などと並んで社会におけるメディアの1つにもなっています。

以降の章において、インターネットがどのようなもの（技術的・ビジネス的）で、私たちはそれをどう利用していくべきかについて解説します。

インターネットは便利な反面、間違った利用をすれば大きなトラブルに巻き込まれる可能性もあります。インターネットをより快適に、そしてより安全に使うために、事例研究やトラブル予防・対応の方法を身につけましょう。

【引用】
[1] 『広辞苑』 第6版 岩波書店 2008年
[2] 情報という言葉の語源とその周辺について
http://www32.ocn.ne.jp/~env_info_math/yamasita-diary/information-origin.pdf
[3] Data, Information, Knowledge, Wisdom?
http://www.informationisbeautiful.net/2010/data-information-knowledge-wisdom/
[4] 気象庁ホームページより
http://www.jma.go.jp/jma/index.html

【参考文献】
- 佐藤卓己 『メディア社会』 岩波書店 2006年
- 吉見俊哉 『メディア文化論』 有斐閣 2004年
- 正村俊之（編・著）『コミュニケーション理論の再構築』 勁草書房 2012年
- ばるぼら 『教科書には載らないニッポンのインターネットの歴史教科書』 翔泳社 2005年

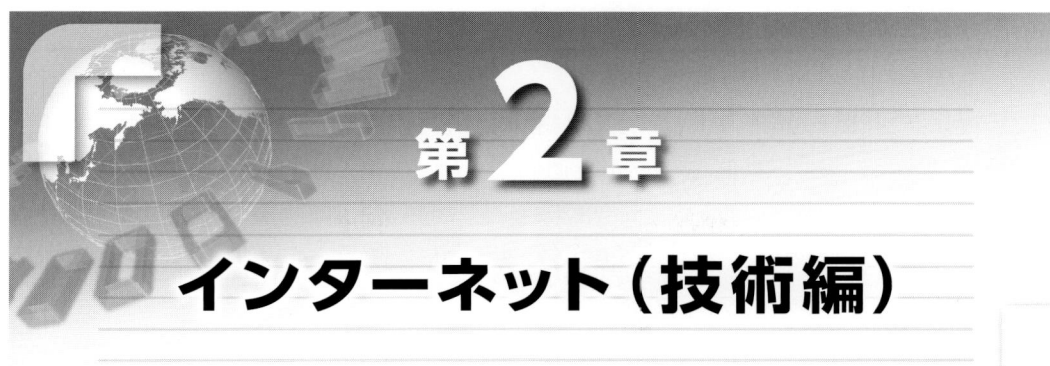

第2章 インターネット（技術編）

1 インターネットとは

　インターネットとはTCP/IPを通信規約として相互接続された世界的なコンピューターネットワークのことです。

　1969年、米国のARPANETから始まり、現在ではほぼすべての国の無数のコンピューターがつながっています。さらに、パソコンだけではなく携帯電話・スマートフォンからもインターネットを利用することが可能になりました。

　インターネットは分散型ネットワーク、パケット通信の2つの技術に支えられた「自由度合いの高い情報網」、「価格の安さ」という特長があります。本章ではインターネットの技術的面から解説します。

1.1　TCP/IPについて

　インターネットの通信規約はTCP/IPです。

　通信規約とはお互い情報をやり取りする際のルールで、通信規約が一緒であれば相互を接続しても比較的スムーズに情報を交換できます。

　表2-1は、国際標準化機構（ISO：International Organization for Standardization）によって定められた通信の階層構造であるOSI参照モデル（OSI model：Open System Interconnect Reference Model）です。物理層・データリンク層・ネットワーク層・トランスポート層・セッション層・プレゼンテーション層・アプリケーション層の7つの階層に分かれています。

表 2-1　OSI 参照モデル

第7層	アプリケーション層	データを利用した様々なサービス
第6層	プレゼンテーション層	データを人間用に変換する等
第5層	セッション層	通信プログラムによるデータの送受信
第4層	トランスポート層	データを届けるための圧縮技術やエラー訂正
第3層	ネットワーク層	データを相手に届けるための経路
第2層	データリンク層	通信のデータの流れを確保する
第1層	物理層	ケーブルの特長など機械的な部分

TCP/IPはIP（Internet Protocol）が第3層のネットワーク層で、データを相手に届けるための経路を決めています。TCP（Transmission Control Protocol）が第4層のトランスポート層で、データを届けるための圧縮技術やエラー訂正などを決めています。

TCP/IPは4つの階層を持っています（**表2-2**）。上位層からアプリケーション層・トランスポート層・インターネット層・リンク層です。

アプリケーション層にはTelnet（遠隔操作など）やFTP（ファイルの転送）、POP3（電子メール）、HTTP(web閲覧)などのアプリケーションのプロトコルがあります。

トランスポート層にはTCPとUDPがあります。TCPは信頼性の高い通信を行えるプロトコルで、UDPは信頼性が落ちる一方、多数に一度に情報を送ることができるため、ブロードキャスト的な通信に利用されます。

表2-2　TCP/IPの4階層

アプリケーション層	Telnet　FTP　POP3　HTTP　DNS
トランスポート層	TCP　UDP
インターネット層	IP
リンク層	

1.2　分散型ネットワークを可能にするIPアドレスとDNS

インターネットの特長である分散型ネットワークは、「IPアドレス」と「DNS」によって支えられています。

IPアドレスとは、ホスト（パソコンやサーバなど）に1つずつ割り振られた番号です。0〜255までの256個の数字を4つずつ並べて「住所」とします。たとえば、192.168.11.1というように「192」、「168」、「11」、「1」と並べます。

256個である理由は8ビット（2の8乗）で、2進法で計算するデジタルの世界で扱いやすい区切りだからです。

このIPアドレス（**図2-1**参照）には、インターネット上で世界中から参照される唯一無二の「グローバルアドレス」と、グローバルアドレスを持ったホスト配下に割り当てられた「ローカルアドレス」の2種類があります。

グローバルアドレスは256×256×256×256＝約42億個しかありません。世界中のパソコンに順番に割り振っていってはとても足りません。そこで、グローバルアドレスを持ったサーバを「ホスト」にして、その下にネットワークを作り出します。ホストから割り当てられたアドレスがローカルアドレスになります。ローカルなネットワークの下に、さらにローカルなネットワークを作ることも可能です。同じネットワーク内であればIPアドレスを指定することで、そのパソコンやサーバと通信することが可能です。Telnetを利用すれば遠隔操作をすることもできます。

1 インターネットとは

```
C:\>ipconfig

Windows IP Configuration

Ethernet adapter ワイヤレス ネットワーク接続:

        Connection-specific DNS Suffix  . : Planex
        IP Address. . . . . . . . . . . . : 192.168.0.105
        Subnet Mask . . . . . . . . . . . : 255.255.255.0
        Default Gateway . . . . . . . . . : 192.168.0.1

Ethernet adapter ローカル エリア接続:

        Media State . . . . . . . . . . . : Media disconnected
```

図 2-1　windowsPC では ipconfig コマンドで IP アドレスなどを調べることができる

　しかし、いちいち数字を覚えるのはとても大変です。そこで、数字を文字に変換して管理しているのが DNS サーバ（DNS:Domain Name System）です。

　「大学にある cs1 というホストにログインしたい！」という際に、ホストの IP アドレスをいちいち調べなくてもいいように、事前に cs1.sfc.keio.ac.jp とドメインを登録しておきます。登録さえしておけば、コマンドで cs1.sfc.ac.jp と指定すると、DSN サーバが IP アドレスを逆引きしてくれ、ログインすることができます。

　ドメインはむやみやたらに登録することはもちろんできません。cs1.sfc.keio.ac.jp というドメインは　jp が日本に割り当てられたドメイン、ac は日本の中で大学に割り当てられたドメイン、keio は大学の中で慶應義塾大学に、sfc が慶應義塾大学の中で湘南藤沢キャンパスに割り当てられたドメインです。それぞれに管理者がおり、1 つ上の管理者に申請すれば、配下のドメインは一定のルールに従って自由につけることができます。

1.3　パケット通信

　インターネットを支える技術として重要なものの 1 つにパケット通信があげられます。パケット通信とは、データを数十から数千の塊に分割し、相手に送る技術です。パケットには送信先の IP アドレスや、分割された際の順番、データが破損していないかチェックする情報（チェックサム）などが同梱されています。

　イメージとしては、大きな荷物を段ボールに小分けしたうえで番号を振り、送付状をつけてトラックに分乗して送る感じです。

　パケット通信の画期的なところは通信回線を占有しないことです。それまでの通信技術は通信中に回線の一部を占有する必要がありました。たとえば、電話をしている最中はほかの電話に出られない、などです。パケット通信は情報を細切れに送るため、即時性は失うものの回線を占有する必要はありません（注：ただし、大量のパケットを送ることで回線の大部分を占有してしまうことがあります）。そのため回線を複数で共有することが可能です。

第2章 インターネット（技術編）

課題 2-1　インターネットの特長を「分散型ネットワーク」と「パケット通信」をキーワードにしてまとめてください。分散型ネットワークについてはIPアドレスをキーワードに入れてください。

2 www（world wide web）の提唱

　インターネットの普及を決定づけたのがwww（world wide web）です。wwwは1989年に欧州原子核研究機構（CERN：European Organization for Nuclear Research）のティム・バーナーズ＝リー（Tim Berners-Lee）によって提唱された「論文の検索・閲覧を容易にするための仕組み」です。

　インターネットで、世界中のコンピュータが接続されたとしても、それだけでは情報を交換するのは大変でした。たとえば、あなたが「京都大学理学部物理学科鈴木研究室の佐藤さんが書いたAという論文を手に入れたい！」と思ったとしましょう。その論文は研究室の佐藤さんが管理するフォルダに保存されているかもしれません。正確にどこで保存されているとわかればよいですが、当時はそのようなデータベース（現在の検索エンジンのようなもの）はありません。人づてまたは「勘」で鈴木研究室に当たりをつけて探すしかありません。

　京都大学はkyoto-u.ac.jpがドメインなのでここまでは比較的簡単にわかります。しかし、物理学科のドメインや鈴木研究室のドメインがどれなのかは、京都大学や鈴木研究室に問い合わせないとわかりません。「誰かが知っている、もしくは問い合わせて判明した！」としてもそこからが大変です。Telnetなどの遠隔操作のプロトコルを使って、鈴木研究室のサーバにアクセスする必要があります。サーバは、通常はパスワードがかけられていて誰でも簡単にアクセスできるわけではありません。アクセスするには管理者などに連絡してIDとパスワードを発行してもらう必要があります。

　IDとパスワードが無事手に入ったとしても、そこからも大変です。佐藤さんが管理するフォルダを探し出し、そのなかからAという論文のファイル名を探し出します。A.txtというわかりやすい名前であればよいですが、hogehoge.txtとかになっていたら判断できません。また佐藤さんの管理するフォルダ直下にあれば探しやすいですが、通常は複数のフォルダを作って年代別やテーマ別に保存されています。どのフォルダにあるか当たりをつけて、それぞれでファイルリストを眺めて、どうやらこのファイルかな……と、まるで考古学の発掘作業のような作業を繰り返さなければいけません。

　この煩雑さを解消するために提唱されたのがwwwです。

2.1 www と HTML

www は、HTML、URI、HTTP の 3 つの基礎技術によって構成されます。

HTML（HyperText Markup Language）は、文字と画像（その後動画など）を組み合わせて表示させるための言語です。私たちが「ホームページ」などと呼んでいる Web サイトはこの HTML で書かれています（**図 2-2** 参照）。

HTML の 1 つ目の特長は比較的容易に文字と画像の組み合わせが可能になることです。たとえば abc とテキストを表示できます。また <font color="red">abc</font> と入力すると abc という文字を赤く表示させることもできます。<imgsrc="a.jpg"> と入力すると、a.jpg という画像を表示できます。

2 つ目の特長はクリッカブルリンクです。文字などをリンクのタグで <a href="b.html"> 文字 </a> というようにはさむと「文字」の部分がクリックできるようになります、クリックすると指定された b.html を表示することが可能です。

```html
<html>
<head>
<title> 大妻花子　課題 </title>
<style type="text/css">
<!--
.aka {color:#ff0000;}
-->
</style>
</head>
<body bgcolor="#000000" text="#ffffff" link="#ccccff">
<a href="index.html">home></a> > challenge
<hr>
<ol>
<li><b> 文字装飾 </b></li>
<p><b> ボールド </b>・<i> イタリック体 </i>・<tt> 等幅フォント </tt>・<u> アンダーライン </u>・<strike> 打ち消し線 </strike>・<em> 強調文字 </em>・<strong> 強い強調 </strong></p>
<li><b> 文字の色 </b></li>
<p><font color="red"> 赤 </font>・<font color="blue"> 青 </font>・<font color="#ff00cc">ff00cc！</font>・<font color="#00ddff">00ddff！</font></p>
<li><b> リンクの練習 </b></li>
<p><a href="about.html"> 文字 </a> で、文字部分が about.html にリンク。<a href=" http://www.kantei.go.jp/ ">
首相官邸 </a> で首相官邸へリンク </p>
<li><b> 画像の差し込み </b></li>
<p><img src="o-tan.jpg" border="0" width="200" height="200"></p>
</ol>
<hr>
<p align=right><font class="aka"><i>copyright Myname</i></font></p>
</body>
</html>
```

図 2-2　html 文章の例

第2章 インターネット（技術編）

2.2 wwwとURI

　htmlで書かれた文章の「場所」を表すのがURI（Uniform Resource Identifier）です。以前はURL(Uniform Resource Locator)といわれていました。URLの考えを拡張したものがURIとなります。

　URIはスキーム・ホスト名・パスの3つの部分から構成されます。私たちがブラウザを利用する際、一番上に表示されるのがURI(URL)です（**図2-3** 参照）。

図2-3　URLの構造

　http://www.sfc.keio.ac.jp/t91262mt/index.htmという並びになっていて、httpがスキーム（詳細次項）、www.sfc.keio.ac.jpが慶應義塾大学湘南藤沢キャンパスにあるwwwのホスト名、wwwがサーバ名で、sfc.keio.ac.jpがドメイン名です。t91262mt/index.htmlがパスで、t91262mt/がwwwサーバの中のフォルダの名前、index.htmlは、そのフォルダの中にあるファイルの名前にあたります。

　スキームは情報の取得方法を表します。http以外にftpなどがあります。

　ホスト名はサーバ名とドメイン名からなります、世界中にあるwebサーバを特定するために指定されます。サーバ名は通常はwwwと名付けられます。ドメイン名はwwwサーバがあるドメインをそのまま使います。正確にはホスト名の後ろに「:80」とポート番号を指定し、サーバコンピューター上で起動しているwebサーバソフトウェアを特定する必要がありますが、代表的なプロトコルで利用されているポートはwell-knownポート番号として取り決められているので、通常はポート番号は入力されません。ホスト名は「．（ドット）」で区切られます。

　パスは、サーバの中のhtmlで書かれたファイルの場所を指定します。

　Webサイトを作るにあたり、通例として「ホームページ」を作成するというものがありました。ホームページとは目次のページのことで「index.html」もしくは「home.html」という名前で作るということが通例になっています。

　たとえば、http://www.sfc.keio.ac.jp/ の直下にindex.htmlというページを作成します。そのページはhttp://www.sfc.keio.ac.jp/ の配下にどのようなページがあるかを案内する＝indexの役割を果たします。indexページに「t91262mt」というフォルダがあり、これがBさんのページですよという案内があれば、http://www.sfc.keio.ac.jp/t91262mt/ というアドレスを知らなくてもhttp://www.sfc.keio.ac.jp/ だけ知っていればフォルダにたどり着く

ことができます。indexはhtmlで書かれていますから、リンクを張ってあげれば、クリック1つでフォルダまでたどり着くことが可能です。

さらに、t91262mtフォルダにもindex.htmlを用意しておきます。そうするとt91262mt以下の任意のフォルダにファイルを置いておいても、index.htmlにリンクが張ってあれば、クリックだけでそのファイルを手に入れることが可能になります。

index.html(またはhome.html)は、そのWebサイトの「ホーム」となり、クリック1つで色々なページにいける目次です。

誰かに自分のWebサイトを紹介するときは、「ホーム」のページがあるURIを伝えることとなります。私のホームページのアドレスは＊＊＊で、という表現をしました。いつのまにかホームページという言葉はWebサイト全体、HTMLで書かれたページなど指すようになり、現在に至ります。

2.3　wwwとHTTP

HTMLで書かれたファイルをやり取りするための通信規約が、HTTP（Hypertext Transfer Protocol）です。Webシステムは、HTTPを基盤として構成されます。HTTPは、1993年に最初のドラフトが公開され、その後いくつかの改定が行われています。

HTTPでのデータのやり取りはシンプルなリクエストレスポンス方式です。Webブラウザが、Webサーバに対してリクエストメッセージを送信し、そのリクエストに対してWebサーバがレスポンスメッセージを返すことによってデータがやり取りされるというシンプルな方式になっています（**図2-4**参照）。

```
GET /test/ HTTP/1.1
Accept: text/html, application/xhtml+xml, */*
Accept-Language: ja-JP
User-Agent: Mozilla/5.0 (compatible; MSIE 10.0; Windows NT 6.2; WOW64; Trident/6.0; MALNJS)
Accept-Encoding: gzip, deflate
Host: infosocio.org
If-Modified-Since: Mon, 03 Jun 2013 0 1:01:01 GMT
DNT: 1
Connection: Keep-Alive
```

図2-4　HTTPのリクエストメッセージ

2.4　wwwとブラウザ

指定されたURIから、HTTPによって呼び出されたHTML文章を表示するためのソフトがブラウザです。ブラウザは、1993年、米国立スーパーコンピュータ応用研究所（NCSA：National Center for Supercomputing Applications）からリリースされた「モザイク（NCSA Mosaic）」が最初で、その後マイクロソフト社からインターネットエクスプローラ（IE：

第2章 インターネット（技術編）

Internet Explorer）やネットスケープコミュニケーションズ社のネットスケープ（ネスケ：Netscape Navigator）、グーグル社からグーグルクローム（クローム：Google Chrome）、などがリリースされています。

　Web ブラウザは、大きく分けて 3 つの機能があります。HTTP ユーザーエージェントとパーサ、レンダラです。

　HTTP ユーザーエージェントは Web サーバと通信して HTML ファイルなどを取得するプロセスを担当します。確認のためにいくつかの情報をサーバに送信し、サーバからも情報を得たうえで HTML ファイルを取得する機能を持っています。

　パーサは HTML 文章の構造を解析する機能です。解析した結果をもとに文字や画像を配置する機能がレンダラです。

　ブラウザが Web サイトにアクセスし、HTML で書かれた文章を読み込むとき、以下のようなやり取りがされています。

　　最初にページが置いてあるサーバに対して

　　1）「データをください」という依頼
　　2）ウェブブラウザの種類
　　3）利用可能な圧縮技術
　　4）言語・文字コード

などです。Web サーバはブラウザの情報を受け、

　　1）通信できたかどうかを示すステータスコード
　　2）データを送信した日時
　　3）Web サーバのソフトウェアや OS の種類
　　4）「HTML を送ります」という宣言

などを送ります。通信が成功していれば、この情報の後、HTML ファイルや画像が Web サーバからブラウザ宛てに送られます。

2.5　www の広がりと Windows

　HTML、URI、HTTP の 3 つの基礎技術によって構成される www、クライアントソフトであるブラウザはインターネットを代表するサービスの 1 つとなりました。

　さらに、インターネットを普及させたのが Windows の登場です。Windows シリーズは米国マイクロソフト社からリリースされている OS(Operating System) です。Windows シリーズはそれまでの OS とは違い、GUI(Graphical User Interface) を利用した視認性、操作性に優れた直感的な操作が可能な OS です。

　特に、1995 年に発売された Windows 95(Microsoft Windows 95 Operating System) は優れた GUI を提供していました。マウス操作さえできれば、キーボードをほとんど触らずに

パソコンを操作できる画期的な Windows 95 の登場は、パソコンを一家に 1 台、さらには、1 人 1 台持つようになるまで普及させました。

Windows 95 はバージョンアップである OSR2 以降、TCP/IP が標準搭載されました。それまでパソコンなどをインターネットに接続させるには、OS に合うような TCP/IP を手に入れなければいけないほか、モデム（接続するための機器）を準備し、モデムをパソコンに接続させるためのソフトを準備しなければいけませんでした。これらの準備には専門的な知識が必要で、インターネットは大学や研究所で使う「特殊なもの」だったのです。

Windows 95 が発売されるとこれらの手間が解消されました。Windows 95 を搭載したパソコンを買えば、TCP/IP は最初からインストールされています。またモデムも内蔵され、モデムを接続させるプログラムも最初から設定されています。パソコンを買った後、パソコンに電話線をつなぐだけでインターネットが利用できるというのは、当時としては画期的なことでした。

パソコンによっては、ブラウザも最初からインストールされていました。95 年当初はネットスケープが、やがてインターネットエクスプローラが、Windows の初期段階で標準搭載されるようになりました。

Windows 95 は空前のヒット商品となり、1995 年 11 月 23 日のリリース時には 50 万本、わずか 1 ヵ月で 86 万本を出荷しています。

課題 2-2 ホームページの意味が、HTML で書かれたページや Web サイト全体を指すになった経緯をまとめてください。

3 インターネットの電子メール

3.1 電子メール（メール）とは

インターネット上のサービスで www に並びよく利用されるものが電子メール (e-mail・メール) です。

メールは、ネットワークを介してメッセージをやり取りする仕組みです。文字のほか、画像や動画、文章ファイルやデータファイルなども送ることが可能です。

3.2 メールの仕組み

メールはインターネット初期からある最も古いサービスの 1 つで、相手のメールアドレス宛にメッセージを送信できます。メールアドレスはユーザー名とドメイン名（ホスト名）で構成

されています（図 2-5 参照）。

```
name@domain.co.jp
 ‾‾‾‾   ‾‾‾‾‾‾‾‾‾
 ユーザー名   ドメイン名
```

図 2-5　電子メールアドレスの構造

　ドメイン名はメールサーバの場所を示しています。www のドメイン名とまったく一緒です（2.2 項参照）。
　メールサーバに登録した人とメールアドレスを紐づけるのがユーザー名です。ユーザー名は任意につけられますが 64 文字以内という制限があります。また、使える文字も制限があります。アルファベット（A 〜 Z）、数字（0 〜 9）、記号です。記号は！＃＄％＆ ' ＊＋－ / ＝？ ＾ ＿ '｛｜｝ 〜の半角文字が使えます。ホストで記号を禁止しているところもありますが、技術的に i-love-you!v^-^v!@domain.co.jp というように顔文字を入れたメールアドレスも可能になっています。

3.3　SMTP

　電子メールの送信にかかわる技術が、SMTP（Simple Mail Transfer Protocol）です。SMTP は TCP の 25 番ポートを利用して通信します。SMTP を使ってメールを送信する側は自分が誰であるかをコマンドで名乗ったうえで送信します。
　送信先のアドレスのユーザー名とドメイン名を判断し、ドメインが一緒であれば自分のサーバに、ドメインが別であればそのドメイン宛にデータを送信し、ユーザーごとに保存します。保存されたデータは POP3 や IMAP4 などプロトコルを利用して受け取ることができます。
　電子メールを送ったことがある人なら気づいていると思いますが、送信の際、その人が誰であるかという認証はされていません。あくまで、「自分で」名乗っているだけなので、送信元を偽装することが可能です。
　電子メールの最大の欠点といわれる迷惑メールは、この SMTP の不完全さを利用したものです。SMTP では自分が誰であるかを自分で名乗れるので、他人に成りすますことができます。また、基本的には自由に送ることができるので、少し知識があれば他人に成りすまして、無制限にメールを送ることが可能になっています。

3.4　POP3 と IMAP4

　メールを送信するのが SMTP ですが、メールを受信するのが POP3（Post Office Protocol version 3）と IMAP4（Internet Message Access Protocol version 4）です。
　POP3 は、パソコンのメールソフトで使われています。ホストにあるデータをメールソフト

によって転送し、パソコンの中のデータとして閲覧するものです。メールを1つのパソコンだけで利用する場合は非常に便利です。データを転送するごとに、ホストにあるデータを削除すればホストの容量に負荷をかけることもありません。ただし、複数のパソコンでメールを受信してしまうと、データが分散してしまって混乱します。

　IMAP 4はスマートフォンなどで使われています。ホストにあるデータをホストにある状態で閲覧できます。メールのデータはホストにずっと残りますので、複数のスマートフォンやパソコンでメールを見てもデータが分散してしまうことはありません。たとえば、添付ファイルをもらったとすると、スマートフォンでは開けない場合はパソコンで受信して受け取る、ということもできます。ただし、ホスト側の負荷が大きくなることと、メール閲覧に若干時間がかかるなどのデメリットもあります。

3.5　電子メールからチャットへ

　電子メールは長い間、ネットの個人対個人のコミュニケーションの主軸でした。特に、パソコンでインターネットを利用する際にはメールは使いやすく、多くの人に利用されています。

　しかし、スマートフォンが普及し始めると、電子メールの役割は徐々にチャットサービスに移行しつつあります。2013年4月に、大学1年生に対して行ったアンケートでは実に95％以上の人がチャットソフトを利用していました。電子メールがレガシーなツールとして残っている一方、手軽なコミュニケーションツールとしてチャットが普及しています。スマートフォンにメール整理の機能が不足していること、メールに迷惑メールや宣伝メールが多く、知人との気軽なコミュニケーションをとるにはチャットのほうが向いているなどです。SNSがおまけサービスとして、チャットを提供しているものもありますし、無料通話ソフトのおまけとして提供しているもの、ゲームソフトのおまけとしてついているものなど、沢山あります。

　メールは送信して、相手が受信するまで多少のタイムラグがありました。また返信は、自分の空いている時間でのんびり返信できるというメリットがありました。しかし、チャットソフトは短いメッセージをある一定の時間で、それに拘束されながらやり取りしなくてはいけません。

　すぐに返事が来る、ということ自体は心地よいことですが、時間的に拘束されることで精神的な負担にもなります。メールとチャット、双方の良いところを利用していきましょう。

課題 2-3　自分が使っている個人対個人のコミュニケーションサービスを上げ、良い面・悪い面を書き出してください。

第2章 インターネット（技術編）

4 まとめ

　インターネットは様々な技術・サービスによって支えられています。wwwとメールは長らくインターネットの代表的なサービスでした。主に、パソコン向けのサービスでしたからパソコン、特にWindows機が普及するとともにインターネットも普及しました。

　00年代後半になり、スマートフォンが普及するとまた新しいサービスが誕生しています。パケット通信やDNSなどの基本的な技術は変わらないものの、ブラウザからアプリへ、メールからチャットへと利用の主軸が移りつつあります。

　インターネットの基本的な技術を理解し、ゆっくり移り変わるサービスの利点・欠点を把握し、よりインターネットを快適に利用できるようにしましょう。

【参考文献】
- 速水治夫，服部哲，大部由香，加藤智也，松本早野香
『Webシステムの開発技術と活用方法（未来へつなぐ デジタルシリーズ 19）』 共立出版　2013年

第3章
インターネット（ビジネス編）
その1 接続ビジネス

本章では、インターネットを利用したITビジネスにはどのようなものがあるか、特に無料のサービスはどのようなビジネスモデルになっているかを理解し、適切に利用できるようにしましょう。

1 ITビジネスとは

インターネットに関連するビジネスは多数あります。有料のものから無料のものまで様々です。生業として成立している以上、たとえ無料であっても何かしらのお金を手に入れる手段があるはずです。様々なサービスがどのようなビジネス構造になっているかを理解しましょう。

1.1 情報に関するビジネスの規模

情報関連（ここでは情報通信）の市場は2009年で約100兆円といわれています。自動車産業が60兆円ですから、自動車よりも市場規模が大きい産業であるといえるでしょう。その中でも情報サービス業が約18兆円です。食料が16兆円といわれますから、食べることと情報通信サービスをうけることが同等であるともいえます。

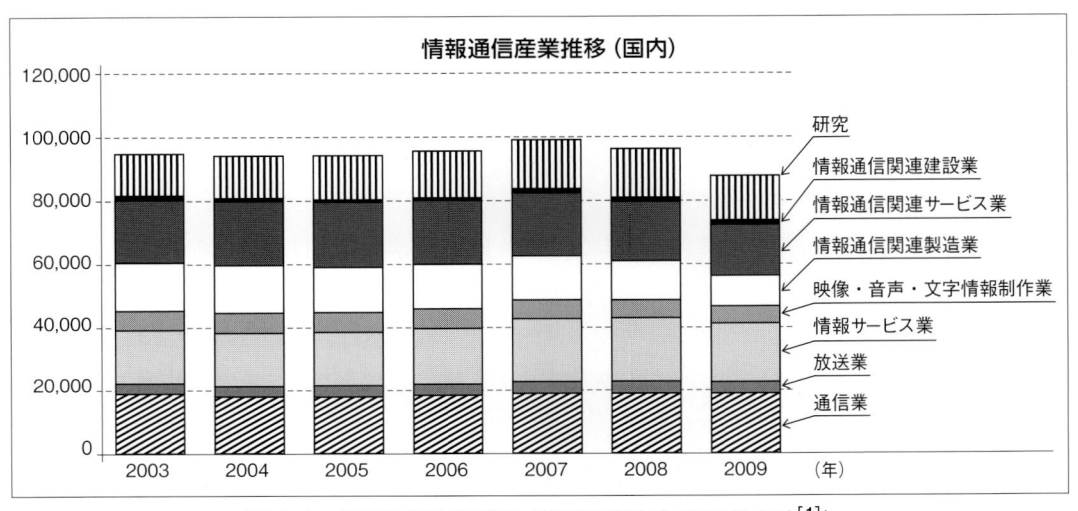

図 3-1　情報通算産業推移（情報通信白書2012より[1]）

第3章 インターネット（ビジネス編） その1 接続ビジネス

私たちも日常的に携帯電話のネット接続機能を利用したり、自宅にADSLやFTTHの回線を引いたりしています。ネットショッピングで買い物をしたり、ネットニュースを見たりします。ゲームが好きな人はオンラインゲームで楽しんでいるかもしれません。

たとえば、ニュースやゲームは無料のものが多いです。それらはどのようにしてお金を稼いでいるのか、もしくはお金を稼がなくてもよいのか。事例ごとに整理してみましょう。

2 接続業、通信キャリアとISP

情報通信で「通信」そのものをビジネスとしているのが通信産業です。接続業には通信キャリアとISPの2つがあります。

通信キャリアは通信インフラを提供する会社です。通信キャリアには大きく分けて3つの業態があります。ISPはキャリアとインターネットの間をつなぐ会社です。それぞれの役割やビジネスモデルについて整理しましょう。

2.1 電話回線を利用した通信キャリア

通信キャリアの1つは電話線を使う業態です。NTT東・西日本がこれにあたります。音声通話の機能を利用して通信するダイヤルアップ接続や、専用の帯域を利用してデジタル通信をするISDN（Integrated Services Digital Network）やADSL（Asymmetric Digital Subscriber Line）、光ファイバーを利用して通信するFTTH（Fiber To The Home）やFTTC（Fiber To The Curb）などがあります。

ダイヤルアップは音声通話の機能を利用して通信を行います。FAXと一緒でデジタル信号を音声に変えて相互でやり取りをする方式です。自宅でモデム、接続先に「アクセスポイント」とよばれる専用の機械を置いて、相互に音声通話を利用してデジタル信号をやり取りします。音声用の電話線が通信回線になりますから、大規模な改修工事などが不要で簡単に始められます。また「あくまで音声」なので、日本全国・世界各国どこでも「通話」さえできれば、通信を行うことができます。

しかし「あくまで音声」なので、電話代がかかります。市内通話であれ3分10円、市外であれば通話した時間だけ市外通話の料金がかかります。悪質なものとして、「ダイヤルアップの通話先を強制的に国際電話に変えてしまうソフト」がありました。国際通話の会社からのバックマージンをもらうため、インド洋やカリブ海にあるアクセスポイントに電話をさせるというものです。アダルトサイトなどの誘導でソフトが紹介されており、騙されてしまいます。アダルトサイトを見たいがためにそのソフトを利用してしまい、国際電話の電話代を何十万円も支払わされたという事例が頻発しました。

ダイヤルアップが大きく変わったのが、1995年に夜中23時から翌8時までは指定した電話番号までは月額固定でかけ放題という「テレホーダイ」のサービスが始まったことです。

23時になるとみんなが一斉に通話をするため、電話がかかりづらくなる、アクセスポイントが埋まってしまって接続できないなどの弊害もありましたが、それまでインターネットに接続するための10円／3分の負担が、1,800円／月固定の負担になったことで時間的なストレスが無くなり、爆発的に利用者が増えました。2001年に24時間いつでも利用し放題のフレッツサービスが始まるまで、ダイヤルアップ＋テレホーダイがインターネット接続の主流でした。

ISDNやADSLは、電話回線（同軸ケーブル）において音声帯域では使われないような帯域も利用して通信する手法です。ISDNは日本独自の方式、ADSLは米国や韓国などで利用され普及した方式です。音声通話よりも高い帯域を使うため通信品質が高く、また同軸ケーブルをそのまま使えるなどのコスト的なメリットがありました。しかし、特にADSLは高い帯域であるがゆえに通信できる距離が短く、音声通話ができるすべての世帯で利用できるサービスではないというデメリットがありました。日本では2002年からYahoo!BBが積極的な営業をかけてADSLを普及させ、高速・常時接続の文化を日本に根付かせました。

FTTHやFTTCは、光ファイバーを利用した接続サービスです。FTTHは接続場所まで光ファイバーを引き込んでしまう方法で、一戸建てなどに利用されています。FTTCはある地点までは光ファイバーで、その先はADSLなどを利用する方式です。光ファイバーを部屋ごとに引くことがむずかしい集合住宅などに利用されています。韓国ではお金持ちが集合住宅に住んでいるため、集合住宅まで光ファイバーを引いて、住宅内をADSLにする方式が普及しました。2000年前後に韓国がインターネット大国といわれた時期は、このFTTC方式が普及した時期です。

FTTHはNTT東・西日本だけではなく、電力会社も事業参加していました。もともと落雷などに備えるための光ファイバー網を持っていたこと、企業の資本的な体力がありインフラの投資ができたことなどが理由としてあげられます。1990年代後半では東京電力の光ファイバー網のほうが、NTT東日本よりも長いといわれていました。東京電力の事業は現在はKDDIが引き継いでいますが、関西電力のK-OPTI.COMは現在も関西の主要な通信キャリアの1つになっています。

日本でも2000年代後半からFTTHが普及し始め、また同時に集合住宅へのFTTCも普及し、2012年現在では約57％が光ファイバーでの接続を利用しています。

2.2 電気通信事業法とNTT法による規制

日本ではダイヤルアップやISDN、ADSL、FTTH、FTTC、いずれでも回線（キャリア）の契約とISPの契約を2つしないとインターネットを利用することができません。なぜならNTT法による規制があるからです。NTT法のような制限のない米国や韓国などでは電話会社（AT&TやKT）がインターネットまでの接続を一緒にやってくれます。

電話回線は日本では長い間国有会社である電電公社の独占事業でした。電気通信事業法によって国内の収容局から家庭や事業所までの電話回線＝固定回線は電電公社以外持つことが許

第3章 インターネット（ビジネス編） その1 接続ビジネス

されませんでした。

1985年4月に制定されたNTT法（日本電信電話株式会社等に関する法律）により、電電公社は民営化されます。さらに、1999年の再編成によりNTTは分割され、固定回線の業務は地域会社であるNTT東・西日本に移管されました。また電気通信事業法も改正され、民間会社でも条件を整えて登録さえすれば、固定回線の事業を行えるようなりました。

しかし、NTT東・西日本が持っている固定回線は長い年月をかけ国費で整えてきた巨大なインフラです。同等のサービスを全国規模で一様に展開するというのは、民間会社がやろうとしてもそう簡単にはできません。いくつかの試行錯誤があったものの、2013年現在NTT東・西日本に匹敵する回線事業者は現れていません。

国費で整えてきたインフラを利用する会社と、自費でインフラを構築しなければいけない会社の公正な競争を促すためにNTT法ではNTT東・西日本は業務を「県内」の電気通信のみに限定しています（日本電信電話株式会社等に関する法律　2条の3）。NTT法により「世界」につながるインターネットへの接続業をNTT東・西日本がすることはできません。NTT東・西日本がサービスすることができない「アクセスポイントもしくは相互接続点からのインターネットの接続」をサービスしているのがISP（Internet Services Provider：後述）です（**図 3-2** 参照）。

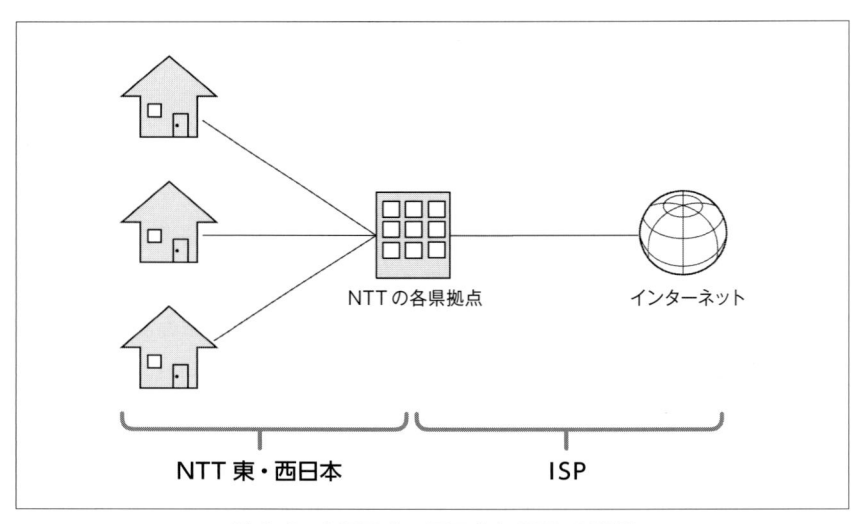

図 3-2　NTT東・西日本とISPの関係

2.3 CATV

通信キャリアの2つ目がCATV(ケーブルテレビ)による通信です。

CATVのテレビ用の回線網を利用して通信を行う事業です。インターネットの接続だけではなく、音声通話などのサービスも行っている事業者も多いです（**図 3-3** 参照）。

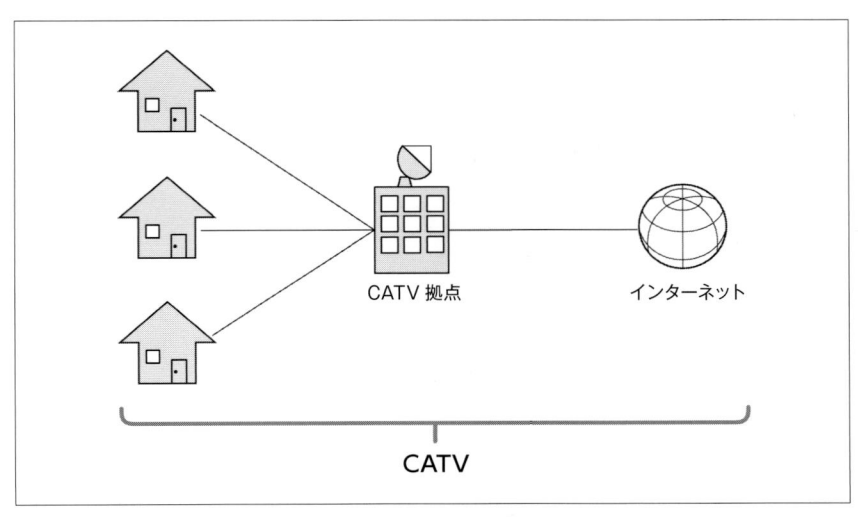

図 3.3　CATV の接続業

　米国のインターネットの接続は電話回線よりも CATV のほうが一般的です。アメリカは国土が広いために電波のカバー率が悪く、アンテナを立ててもテレビが見られない地域が多いため、もともと CATV 網が発達していたことが影響しています。CATV 専用のニュース局 CNN などは世界的に有名です。

　また、光ファイバーの特許の多くは古河電工などの日本の企業が持っています。光ファイバーで通信ネットワークを組むことが国益上の観点から見合わないため、CATV に重点的に投資がまわったともいわれています。

　逆に、日本では CATV による通信の普及が遅れました。一番の理由は 1993 年に規制が緩和されるまで、市町村をまたいだ事業運営が禁止されていたためです。CATV は市町村単位で運営されていたので 1 事業の規模が小さくなり、音声通話やインターネット接続などの投資や運営ができなかったことが CATV インターネットの普及の妨げになったとされています。

　また、CATV 回線の同軸ケーブルの品質が米国ほど高くなく（むしろ品質が高すぎて）、米国並みの通信を行うためには大規模な改修が必要だったことも、CATV による通信の普及の妨げとなりました。

　それでも 1996 年、武蔵野三鷹ケーブルで初めての通信役務が提供され、市町村単位の CATV の合併や買収、回線の光ファイバー化などが進み、2012 年情報通信白書によれば、2012 年の段階でブロードバンド接続の 16％は CATV による役務となっています。

　CATV が電話回線による接続と大きく違うのは、インターネットへの接続までを CATV 会社が一貫して提供していることです。CATV は NTT 東・西日本にように県内のみの通信に限定されるような規制を受けません。私たちは CATV に申し込めばキャリア事業と ISP 事業を両方提供してくれるというメリットがあります。

　また、音声通話やテレビ放送などと一緒に申し込むことで割引を受けることができます。1 つの契約で多様なサービスを受けられるため、近年シェアを伸ばしています。

2.4 携帯電話・無線通信

通信キャリアの3つ目が携帯電話などの無線通信です。

無線によるインターネット接続は日本では長らく「禁止」されていました。電波法で音声通信、しかも人間の言葉以外のやり取りが禁止されていたためです。そのような厳しい規制がはいったのは戦前の「ゾルゲ事件」にまでさかのぼります。ゾルゲ事件とは、太平洋戦争開戦直前の1941年から1942年にかけて、ソ連のスパイであったゾルゲとその協力者である朝日新聞記者の尾崎秀樹らが逮捕された事件です。ゾルゲからの情報により、ソ連は日本の侵攻がしばらくないことを察知し、対独戦に全力を向けられ勝利したとされています。

ゾルゲはソ連に情報を送るときに無線を利用していました。暗号化された特殊な電波を利用していたために、日本の警察は内容を把握することができず、情報を出し放題となりました。この反省から、日本国内で発生される電波は許可がない限り、「人間の言葉」に限定されていました。

この限定がなくなったのが1992年の法改正です。法改正により、無線でもインターネットのパケットを飛ばせるようになりました。FWA（Fixed Wireless Access）のような専用の無線通信や携帯電話を利用した通信などです。

さらに携帯電話は法改正により広く普及するようになりました。1994年に、それまでレンタルのみだった携帯電話の買い取りが始まりました。NTTだけではなくDDIやIDO(合併して現在KDDI)など20社近くが新規参入し、競争原理により通話料が劇的に下がったことも普及の一因です。さらに1995年に起こった阪神淡路大震災で、災害時の連絡に有効な手段として携帯電話が利用されたことも普及を後押ししました。

携帯電話でインターネットに接続ができるようになったのは、1998年のJ-Phoneのskywebです。1999年には、DoCoMoのi-modeがリリース、同年KDDIのezwebがリリースされ、携帯電話でWebサイトが閲覧できたり、電子メールをやり取りできたりするようになりました。

Webサイトの閲覧は限定的で、スマートフォンが登場するまでは携帯電話専用のWebサイトでないと正常に閲覧することはできませんでした。画面が小さく縦長であったこともあり、たとえ表示できても大変見づらいものでした。携帯電話の普及にともない携帯電話専用のサービスが次々と生まれました。

現在では、フィーチャーフォン・スマートフォンにあわせ、タブレット端末などパソコンとそん色ない機能の携帯端末も出ています。20代ではパソコンやテレビよりも携帯電話の画面を眺めている時間が長いという調査結果も出ています。

2.5 インターネットISP事業

ISP（Internet Services Provider）は、固定回線とインターネットまでをつなぐサービスを主としたサービスです。

2 接続業、通信キャリアとISP

通信キャリアがネットへの接続事業をしていなかった時期に誕生し、接続以外の独自サービスを展開することで顧客の囲い込みをしていました。

日本では、NTT東・西日本が「県内」の電気通信のみに制限されているため、「世界」につながるインターネットへの接続業はできません。NTT東・西日本がサービスすることができない「アクセスポイントもしくは相互接続点からのインターネットの接続」をサービスしているのがISPです。米国ではAOL、日本ではOCNやso-netなどが有名です。Yahoo!BBはキャリアとISPが一体型のサービスを提供しています。

ダイヤルアップが盛んだった時期は、「市内通話」でかけられるアクセスポイントが重要視されていました。市内にアクセスポイントがないと市外通話料金が適用され、接続通話料が高くなるためです。全国の市外局番、特にマイナーな局番で独占的にサービスを行う「地域ISP」が多く誕生しました。

通信キャリアと違い、ISPは届け出だけ（90年代当時はキャリアが許認可制度だった）で始められること、自宅に専用線を1本引いてアクセスポイント（30万円程度）を設置することで簡単に始められたことも、地域ISPをたくさん登場させる一因となりました。

たとえば、静岡県では御殿場の0550から浜松の053まで、御殿場・沼津・下田・修善寺・大仁・伊東・榛原・島田・富士・富士宮・静岡・磐田・掛川・浜松の13個の市外局番があります。静岡の局番ごとにアクセスポイントを設置するとしても、人口が多くメンテナンスするにも楽な静岡や浜松に比べて、人口が少なく機械が壊れてしまったときに往復するのだけでも時間がかかってしまう下田は優先度が下がってしまうというのはやむをえません。

そうすると、下田市在住の業者は大手会社が入ってこないために競争率が低く、容易に独占できる状態にあります。

逆に、東京の「03」地域のように1つの市外局番に数百万の人口をかかえるところであれば、1つの場所にアクセスポイントを置くだけで膨大な潜在顧客を見込めます。そのかわり、同業他社が沢山いるために、独自性を出して競争に勝ち抜く必要が出てきます。地域ISPを含め、90年代半ばには日本だけで4000社以上のISPが登場しました[2]。

4000社もあると競争が激化します。提供するものを接続だけにして極力料金を抑えるISPがいる一方、出張サポート有りのなんでもござれで月額数万円をとるISPもありました。また全国どこにでもアクセスポイントを置いてありますというのが売りなISPもあれば、地方のマイナーな局番でサービスNo 1をうたっているISPもありました[2]。

ISPの競争が激化する中で、ユーザーから選ばれる要素が3つありました。1つは料金です。月額固定料金で980円〜3800円が相場でした。最終的には月額固定で2,000円に落ちつきました。

もう1つがつながりやすさです。ダイヤルアップはISP料金のほかに電話の通話料がかかります。電話の料金を定額にするテレホーダイ（月額1800円）と併用するパターンがほとんどでした。しかし23時になるとユーザーが一斉に利用をしはじめるために、23時〜翌1時ぐら

いまでは接続しづらくなります。テレホーダイの時間にどれだけの確率で利用できるかというのが ISP の売りの1つとなっていました。

そして最後がメールや Web サイトエリアレンタルなどの付加サービスです。インターネット事業をただの接続事業として捉えるのではなく、電子メールによるコミュニケーションや Web サイトによる情報発信を助け、インターネット全体を楽しめるようにサービスをするとともに、電子メールのドメインによるブランド構築や Web サイトの容量を差別化の1つとして売りにしていました（付加サービスについては後述）。

しかし、2000年代に入るとフレッツサービスや ADSL サービス開始で市外局番ごとの区切りがなくなりました。さらに、ADSL や FTTH・FTTC など多額の初期投資が必要なサービスが主流になりました。そのため ISP は徐々に再編されました。4000近くあった ISP のほとんどが ISP 事業を売却もしくは廃業しています。

現在では、OCN や Yahoo!BB など大手数社がほとんどのシェアを占めている状態です。

2.6 接続業、通信キャリアと ISP の無料サービスの登場

インターネットをビジネスと見た場合に、接続業として通信キャリアと ISP、特に NTT 東・西日本の法的規制を穴埋めする形の ISP 事業が存在します。通信キャリアは固定回線（ADSLや FTTH/FTTC）や CATV、そして携帯電話を利用した接続などがあり、ユーザーからお金をもらうことでビジネスが成り立っています。

そのキャリア事業や ISP 事業を「無料」で提供する事業者も登場しました。

キャリア事業（と ISP 事業）を無料で提供する事業者は駅や空港、大学、コンビニエンスストアなどで無線 LAN 接続を無料で提供するものです。駅や空港は鉄道会社や空港の事業体が顧客サービスの一環として提供しているものと、通信キャリアや ISP が顧客サービスの一環として提供しているものがあります。また、携帯電話などは利用者が多いと混線するため、駅や空港などに無料の無線 LAN を提供することで混線を避ける意味合いもあります。

大学などは学生の勉強の支援のために、学内に無線 LAN を張り巡らせ、学生に ID やパスワードを配布したうえで接続を開放しています。

コンビニエンスストアは集客を目的としています。特にスマートフォンで高速な通信をしたい場合は無線 LAN のほうが通信回線よりも速く通信ができます。無線 LAN を使うためにコンビニによってほしい、というのが表向きの理由です。しかしこれら無線 LAN の提供はもう1つの理由があります。それは「アクセスログ」の収集です。無線 LAN の利用規約には「アクセスログを収集しマーケティングに利用することに同意します」という一文を入れたものがあります。客がどのようなページを見ているかを収集し、趣味嗜好などを分析しようというものです。

そのリスクを明確に理解して同意していればよいのですが、ほとんどのユーザーはリスクを理解していないでしょう。あなたがどんなサイトを見てどんな人と交流しているかというプラ

イバシー情報を「無料」という名で無線LAN提供者に渡してしまっているかもしれません。無料サービスが顧客サービスであるか、プライバシーの切り売りであるかをしっかりと見極めて利用する必要があります。

もう1つの無料が無料ISPです。これは「ISP料金が無料」というだけで通話料がかかるタイプのものと、接続している間ずっと広告がパソコン上に表示されるタイプの2種類がありました。通話料がかかるものは通信会社からキックバックをもらうことでビジネスを成立させようとしていました。しかし両方とも事業的に成功はせず、現在はほとんど残っていません。

2.7 接続業とビジネス

接続業は現在でもインターネットビジネスの基本的な存在です。接続させることで月額固定もしくは従量制で料金をもらい、生業とします。

電気・ガス・水道・電話と並んで、インターネットは社会インフラの1つになりました。前者と違うのは、公共事業としてではなく民間企業の競争の中で発展してきたインフラであるという点です。

公共事業ではないために（NTTやKDDIなども元公的団体というところもありますが）、激しい競争のなかでビジネスが練磨されています。

もちろんコスト競争も激しく、過当な競争が繰り広げられています。

1つは初期インセンティブです。大型家電店などで、「パソコンと同時にインターネットの契約をすると〇万円割引」というキャンペーンがあります。これはインターネット契約を家電店が仲介することによる仲介手数料が原資になっています。インターネットの接続契約を仲介すると、仲介者には数万円の手数料が支払われます。特に仲介数の多い大型家電店などは各社インセンティブで競争しており、多額の仲介料が支払われます。私たちが「割引」をうけられるのは仲介手数料があってこそです。インターネットの接続契約だけではなく、携帯端末の契約でもスマート端末などの割引をうけられますが、これも同じ仕組みです。

もう1つが料金です。インターネット接続がビジネスになり始めたころは従量課金でした。1分使うと10円などで、電話代と同じく、長く使えば長く使うほど値段が上がる仕組みです。これが競争の中で固定課金、月額980円〜3500円などになっていきました。その競争をさらに激しくしたのが2001年からADSLに参入したYahoo!BBです。当時月額で5,000円〜7,000円程度であったADSLのキャリアおよびISPサービスを、2,980円という低価格で提供しました。他社も値下げ競争に追従して現在に至ります。さらにコストも増えています。文字やイラストなどの容量が小さい＝軽いコンテンツだけではく、画像や音声、動画などの容量の大きい＝重いコンテンツも増えてきました。特にYouTubeやustream、ニコニコ動画などが流行り始めると、インターネット全体の資源が足りなくなっていきます。

そんな中で出てきた話が「インターネットの中立性問題」です。

第3章 インターネット（ビジネス編） その1 接続ビジネス

> **課題 3-1**
> 自分が使っている接続サービスを上げてみましょう。
> それぞれいくら支払っているかをまとめたうえで、日本全体でどれだけのお金が動いているか推測してください。

3 通信事業の大問題：ベストエフォートとインターネットの中立性問題

3.1 インターネットの中立性問題とは

　インターネットの中立性問題とは、「インターネットの通信キャリアやISPが、ユーザーに提供するネット上のサービスに対して中立でなくてはならないか、それとも排他的でもよいか」という問題です。

　本章のテーマである「接続ビジネス」の観点からみれば「ベストエフォートの規格上の速度と実効速度の差、そのコストを誰が負担すべきか」というのがインターネットの中立性問題の根幹になります。

3.2 中立性問題とベストエフォート

　接続業はユーザーからお金をもらってビジネスを成立させています。比較的安価な料金で十分なサービスができる理由は接続業が「ベストエフォート」型のサービスだからです。

　ベストエフォートとは、インターネットの接続速度を表示する際に「最大の速度を保証」するのではなく、「努力すれば最大限これだけの速度は出ますが、常にその速度が出ることを保証しません」というサービスです。

　最大速度を保証する「ギャランティ」型のサービスに比べて、ベストエフォート型はインフラ投資やランニングコストをはるかに安く抑えられるので、ユーザーに安価にサービスを提供できるというメリットがあります。

　「規格通りの速度が出ないなんてずるいじゃないか！　だましている！」という意見もあるかもしれません。しかしギャランティ型よりもはるかに安いコストでユーザーに提供できるというメリットが受け入れられています。

　そもそもインターネットでギャランティ型にして、常に最大限の通信速度を確保するサービスは、コスト的・技術的に見て構築不可能です。

　たとえば、ADSLは局舎からの距離によって回線速度が変わります。ベストエフォート8Mbpsとは通信規格上の最大の速度で、実行速度8Mbpsは保障されません。場合によっては

接続すらできない、という事もあり得ます。また FTTH は数テラ、数ペタバイトの通信が可能です。しかし「H = home」の手前で複数の家庭に 1 つのファイバーから分岐して通信をする場合、分岐元は 1 Gbps です。分岐先もそれぞれ 1 Gbps の速度は規格上保障されますが、複数の家庭が一斉に通信を行えば実効速度は数分の 1 に落ちてしまいます。

さらにインターネットは、「パケット」(第 2 章参照) が通信の規格です。Web サイトを閲覧する際、収容局から自宅までが 1 Gbps だとしても、インターネットの中、相手サーバーの通信速度など、さまざまな「障害」が存在します。パケットでお互いの回線を「シェア」することで世界的な通信を低コストで抑えることができるのがインターネットの特長でもあります。シェアをしている以上、各々が「ベスト」な通信速度はそもそも確保できないのがインターネットの特長の 1 つでもあります。

もしギャランティ型のような情報伝達を確保したいとするならば、テレビやラジオなどのように「一方的」に「画一的」な情報を頒布する方法でしか実現できません

規格上の速度と実効速度に差があり、規格上の速度がほぼ保障できないので、規格上の速度と実効速度に差があるということが「ベストエフォート」のサービスで、インターネットを安価に提供できる理由はそこにあります。

ベストエフォートに胡坐をかいているわけではありませんが、通信キャリアや ISP は「ユーザー全員が同時に最大規格の通信を行うこと」を想定した万全のインフラを用意せず、必要最低限でコストを抑えているのが実態です。コストを抑えたことによるメリットは、ユーザーへの低価格なサービスとして共有されています。

その一方で、ネットのコンテンツはリッチ化し、動画や音声通話など通信速度が高くないと使えないサービスも増えてきました。YouTube やニコニコ動画のような動画共有サービスや、Skype や LINE などのような通話ソフトなど、それまでの文字と画像のコンテンツから、動画や音声などのリッチなコンテンツが増えてきました。さらにファイル交換ソフトなど、24 時間常に高い通信速度で情報を交換するサービスなども登場しています。

これらをすべて満足させるための負担をユーザーに押し付けるなら、ユーザーは今の何倍、何十倍もの費用を負担しなくてはいけません。通信キャリアや ISP に押し付けようとしても、業者間の過度な価格競争でこれ以上負担することはできません。

さて、それでは誰がその費用を負担すべきか? という議論が始まりました。

3.3 インターネットの中立性問題のはじまり：階層分けされたシステム

インターネットの中立性 (Net neutrality)、「インターネット上で利用できるサービスを制限することを接続業者が判断することが是か否か」という問題に対して、米国では 2006 年になって議会を巻き込んでの論争なりました。

この問題が提起されたきっかけは、米国最大手の電話会社 AT&T とベライゾン (Verizon Communications) が、階層分けされたインターネットのシステム＝動画などのトラフィック

の大部分を占めるコンテンツを遮断、または利用するには追加料金が必要になるようなシステムの計画を進めているという記事でした（**図 3-4** 参照）。

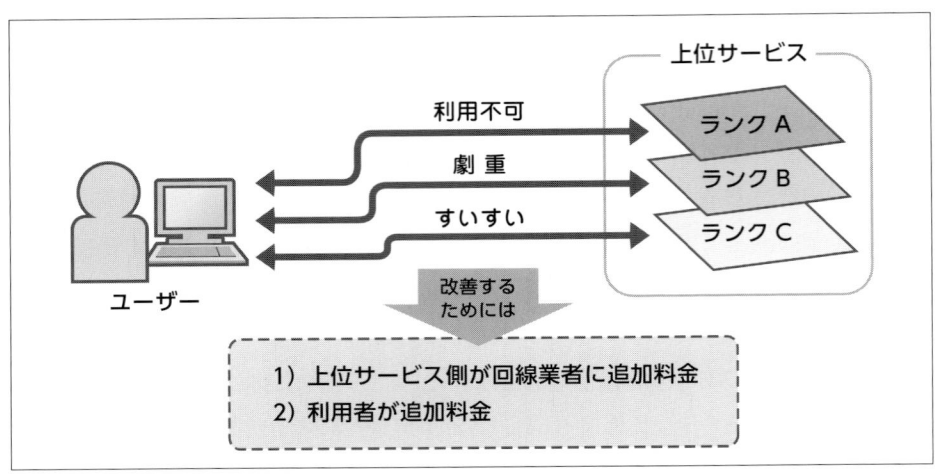

図 3-4　階層分けされたシステム概念図

　たとえば、あなたが AT&T の提供するインターネット接続サービスを利用していたとしましょう。基本料金で使えるのはランク C です。そのほとんどが AT&T が提供する動画サービスやニュースサイトなどです。ランク B にはあまり利用しないようなサービスがラインナップされています。聞いたことないような SNS や聞いたことないようなニュースサイトもあります。もちろん、画像や動画などの重たいコンテンツがあるようなサイトはランク B ではありません。

　あなたが最も利用したいと思っているサービス、動画共有サイトや新聞社のニュースサイト、人気のある SNS などは、基本料金では利用できません。

　あなたが必要としているサービスを利用するには、あなたが追加料金、しかも気安く払えるほどでない金額を支払うか、もしくはコンテンツの提供側が AT&T に費用を負担しなくてはなりません。階層分けされたシステムというのはこのようなシステムです。

　AT&T とベライゾンは「計画しているのは専用サービスの構築」として、階層分けされたシステムを検討していることを否定しました。しかしそのようなことが可能であるということが大きな関心を呼びました。

　また、同時に日本でも同様の議論が巻き起こりました。こちらはネットただ乗り論とも呼ばれ、インターネットのトラフィックを、一部のパケットが占有していることに対しての苦言ですが、米国で議論されているインターネットの中立性と混同して議論されることもあります。

3.4　米国におけるインターネットの中立性問題

　米国におけるインターネットの中立性は、前述の通り通信キャリア側（米国では ISP サービスも同時に提要している一体型サービス）のシステム変更案が発端です。

　システム変更案は、Google や Amazon などの人気コンテンツや、YouTube などの動画サー

3 通信事業の大問題：ベストエフォートとインターネットの中立性問題

ビスを上位階層として区分けし、それらを接続サービスのユーザーが快適に使いたければ追加料金が必要になるというもので、コンテンツ提供側としてはとても受け入れることはできません。

当然区分けされる側は反発し、インターネット上での世論喚起にあわせ、このような区分けを法的に禁止すべく議会に対してロビー活動を行いました。この際、コンテンツ提供側が錦の御旗としてかかげたのが、「インターネットは誰にでも平等に開かれるべきである」というインターネットがそもそも持っていた原則＝インターネット中立論です。

これに一部リベラル系のユーザーも同調し、議会においては民主党が中心となってインターネットの中立性を確保すべくロビー活動を行いました。

では、なぜこのような階層分けの話がまことしやかに出てきたのでしょうか。その背景として米国での接続業者の寡占状態があります。

中立性問題に関して、下院司法委員会委員長のF. James Sensenbrenner氏（ウィスコンシン州選出、共和党）は

> 「ブロードバンドプロバイダーが、その圧倒的市場支配力を駆使してブロードバンド市場への新規参入を妨げ、（自分好みの）インターネットコンテンツを事前に選別し、一部のコンテンツを特別扱いし、コンテンツ間の優先順位をつけようとしているのは明らかだ。プロバイダー各社がそのような行動に出るのは、ブロードバンド市場が全くの無競争状態だからだ」と指摘した[2]。

としています。

実際、米国のブロードバンド市場は非常な寡占状態に置かれています。CATVやADSLが普及し始めた際、AT&Tなどの地域電話会社とコバッド、ノースポイント、リズムズ・ネットコネクショなどの新興事業者がシェアを競い合いました。しかし新興事業者側は軒並み破綻してしまい、通信キャリア事業はAT&Tなどの地域の電話会社の寡占状態となっています。日本がNTTやKDDIの通信系、niftyやBIGLOBEなどのメーカー系、Yahoo!BBやUSENなどの新興企業系などの競争状態にあるのとは非常に対象的です。

また

> 特に米国では次の2つの大きな理由により、ブロードバンド接続の普及にストップが掛かってしまった。
> 1 国土に広く人口が分散しているため、ADSLのような技術が使えず、仮にインフラを整えても採算が取れない
> 2 ADSLが盛り上がり始めた1990年代後半に数多くのISPベンチャーが登場したが、バブル崩壊により、それまでの先行投資が災いしてほとんどが倒産。残った有力ISPが料金の値上げに転じた。日本ではすでに40Mbps超のサービスも存在するADSLだが、この技術は距離による信号の減衰が激しい。通常は2.5マイル（約4km）程度が電話局とユー

> ザー宅の間の限界距離だといわれており、国土の広い米国では、ADSLで賄えるユーザー比率は非常に低い。しかも上記のように、バブル崩壊で生き残った事業者は地域系電話会社などの比較的体力のある大企業であり、一気に料金値上げに転じてしまった[3]。

とあるように、国土の広さがADSLの普及を阻害しました。CATVを基調とし資金も豊富なAT&Tなどの地域通信会社が最後まで生き残ったのは国土の広さゆえともいえるでしょう。

そしてインターネットへの「接続」を寡占した次は、インターネットの「中身＝コンテンツ」までも独占してしまおうというのが、今回の階層分けの真相ともいわれました。

3.5　8秒の攻防

インターネットは ベストエフォートの世界といえますが、回線レスポンスは利用者にとって昔から重要なファクターです。

インターネットのコンテンツの世界での経験則ですが、多くのユーザーはボタンを押してから画面が表示されるまで＝レスポンスは8秒しか待てないといわれています。この経験則は「8秒ルール」とも呼ばれています。

リンクをクリックして8秒以内にレスポンスが無ければ、そのユーザーは次のページを探し始めるというくらいインターネットの世界はせっかちである、というものです。最近は5秒・3秒とも、さらにもっと短くなっているという説もあるくらいせっかちな世界とされています。

通信業者がねらったのは、8秒ルールに抵触する程度に外部サービスのレスポンスを落とし、逆に自社サービスは8秒ルールに抵触しないよう最善の回線環境を整えることだとされています。その上で動画や掲示板、ネットショッピングや検索の大手サイトに対抗するようなサービスを自社サービスとして提供すれば、レスポンスの悪さにいらだったユーザーを自社のサービスに呼び込める、また、どうしても他社のサイトを利用したいというユーザーからは「追加料金」を徴収する、これが通信キャリア側が狙っているビジネスモデルである、とされています。

当然コンテンツ提供側も黙っていません。Google、Amazon、Yahoo！などは、前述の通り、「インターネットの中立性」を錦の御旗に対抗しました。また、快適な環境を得るために必要な追加料金は金持ち優遇であるとし、市民運動家も巻き込んでリベラル層の取り込みを図り、大きな運動へ発展させました。

コンテンツ提供側はバートン法の修正案に中立性条項を盛り込む形で対抗しました。マサチューセッツ州選出の民主党、エド・マーキー議員が提出した修正案です。通信キャリアを含む通信業者が、競合する上位サービスも自社と同等の通信品質であることを義務付けることと、連邦無線委員会（FCC）の調査権を拡大し（現在は事後処理しかできない調査権を）事前調査を可能にすることの2点が追加されました。通信業者の利益になるバートン法に対して、エド・マーキーは通信業者への義務追加とFCCの権利拡大で対抗しようと資しました。

しかし当時の民主党は野党であったためにエド・マーキーの修正条項は否決されました。否

決の理由はブロードバンド普及のための投資が疎外されるからというものでした。バートン法はエド・マーキー修正案を含まない形で、提案通り可決されました。

3.6 日本におけるインターネットの中立性問題

これと同時期に日本でも同様の議論が起こりました。発端はNTTグループの和田社長（当時）による2006年1月18日の会見です。和田社長は

> 「映像を中心に大量のコンテンツが流通するようになった場合、ネットワークを拡充するために設備投資していく必要があるが、そこから得られるリターンをどういう形で確保できるのかということも課題」と指摘し、Skypeを挙げて、「PtoPの通信手段が、単なる音声やテキストだけでなく、映像も含めて発展しようとしているが、このことも、新しいネットワークへの投資に対するリターンが非常に心配になる要因」として危機感を表明した[4]。

米国同様に、パケットに対する制限が必要であるという構図です。

1994年にWorld Wide Webができてから、インターネットで楽しむものといえば、電子メールやテキスト＆画像をブラウジングすることでした。たとえ回線が早くなってテキストや画像ベースで100 Mpbsのダウンロードができたとしても、人間の読む・見るスピードがそれに追いつきません。しかし、ブロードバンドの普及とそれに伴う動画コンテンツがトラフィックの増大を招いています。その中でも、「IP電話のskypeや動画配信のGYAOなど、一部のサイトのトラフィックが大部分を占めている」というのが、和田社長の主張です。

3.7 日本のインターネットとWinny

和田社長の主張は一部本当ではありますが実態ではありません。これらIP電話や動画配信のコンテンツのトラフィック増は、トラフィックの「ほんのわずか」にすぎないのです。では、何が最もトラフィックを占有していたのでしょうか？　それはWinnyを代表するファイル交換ソフトです。

Winnyはネットコミュニティの中で開発されたファイル交換ソフトの1つです。米国で一時流行したWinMXの後継と称して登場し、MXの後継なのでNYと名づけられました。Winnyは管理サーバを持たない純粋なファイル共有ソフトです。パケットのバケツリレー方式で高い匿名性を保持しており、著作物の違法流通の場となっていました。

そして、Winnyにはこの匿名性と匿名性ゆえの違法性とは別にトラフィック占有につながるもう1つ大きな特長があります。それはWinnyのシステム上、「より多くのハードディスク（HDD）容量をWinny用に提供したものがより快適に利用できる」という仕組みです。自分のHDDをWinny用に開放しないでWinnyを利用しようとすると同時に2接続のアクセスしかできません。しかしHDDをWinny上に開放すると、それに比例して接続可能数が増えていくという仕組みをWinnyは持っています。この開放されたHDDを「飛び石」のようにパケッ

トが循環するバケツリレー方式で匿名性を保持できるのです。ファイル共有ソフトは他にもShare などがあります。

3.8 ファイル共有ソフトのトラフィック

ファイル共有ソフトのもう1つの特長が「強烈なトラフィック負荷」です。通常のユーザー（Winny を使わないユーザー）はインターネットを利用していない時間は当然のごとく、トラフィックに負担をかけることありません。あるとしたら、パソコンの電源を落とし忘れたときのインスタントメッセンジャーか、定期的なメールチェックのトラフィック程度です。

しかし、ファイル共有ソフトは 24 時間トラフィックに負担をかけます。しかも HDD を開放すれば開放しただけ「常に」トラフィックに負担をかけるという厄介な存在です。

ベストエフォートです、低価格ですといって提供していたサービスがファイル共有ソフトの登場によって、極端な片務性が出てしまいました。

3.9 日米のインターネットインフラ普及に違い

しかし、和田社長の会見からファイル共有ソフトが問題云々の話は出てきません。それはさらに日本独特のインターネット事情が絡んでいるからです。

日本は米国と違い国土が狭く、さらに山岳地帯も多い地形です。狭い平野に多くの人口が密集しています。そのため ADSL のように到達距離が短い接続サービスでも十分な速度が確保できます。

また、CATV が長らく市町村などの行政区分をまたいで資本投下できないという規制があったために米国のように CATV が大きなシェアを持ちませんでした。（**図 3-5** 参照）

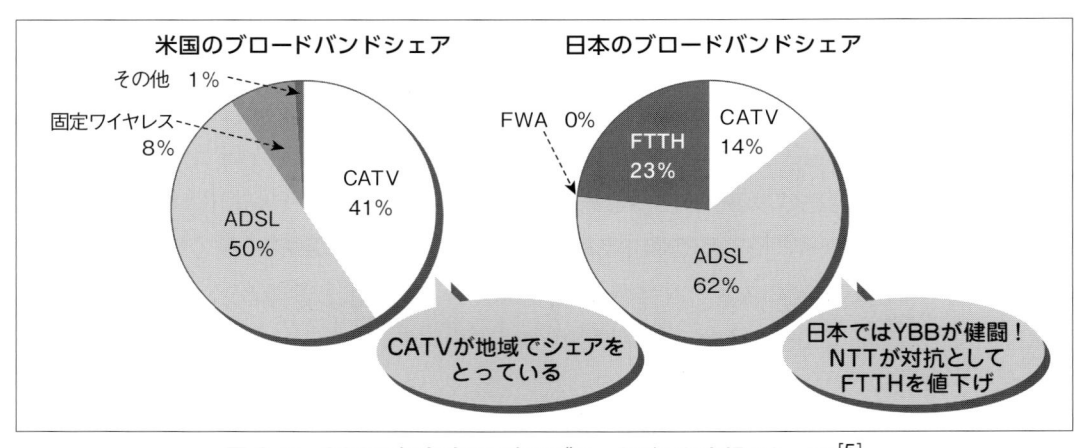

図 3-5　2005 年当時の日米のブロードバンド市場のシェア[5]

さらに、2001 年に Yahoo!BB が登場し、月額 2,980 円という驚異的な安さを武器にシェアを伸ばしました。この Yahoo!BB に対抗する武器が FTTH です。値段は ADSL よりも高めですが、100 Mbps の高速通信を売り文句に、ADSL に対抗しようとしました。

NTT東・西日本は販促上100 Mbpsという回線速度を前面に打ち出している以上、100 Mbpsの回線速度をフルに利用できるファイル共有ソフトへの苦言はできません。そのため、動画や音声などのサービスを引き合いに出して、ネットワーク投資への負担を訴えざるをえないと考えられます。

また、和田社長の主張は明らかに、電話の対抗のSkype、フレッツスクウェアの対抗のGyaoを狙い撃ちにしたものということも考えられます。構図としては米国のネットの中立性でも指摘された「キャリア業者による顧客の囲い込みの一環」ともいえるでしょう。

3.10 今後のインターネットサービスのあり方について

インターネットの中立性の問題は、日米ともに「キャリア業者側の一方的な都合が発端」という構図は一緒です。しかし、この問題提起が私たちに「インターネットは誰のものか」という原則論を議論する機会を与えてくれたことには感謝しなければいけません。

さらに、本質的なところがあります。通信業者が責められるべき問題であるにもかかわらず、これだけの人を巻き込んだ議論となったということです。なぜなら、接続業者側の主張にも一理あったからです。

コンテンツ提供側が錦の御旗として掲げたのは「インターネットの中立性」です。これに対して、通信業者側が「ネットのただ乗り論」を展開しました。コンテンツ提供側がインターネットのインフラ投資のコストをユーザーにだけ押し付けて、自らはまったくコストを負担しようとはしないその姿に、ユーザーからの疑問の声があがったのです。

そして、インターネットの中立性はある1つの終着点に向かいました。それは、これも同じく日米で共有している価値観である「市場原理」に任せようというものです。

> 「ネットワークの中立性をめぐる懸念は大げさ」―― AT&TのCEOが発言
> 　ネバダ州ラスベガス発――ネットワークの中立性を維持するための法律は必要かという議論のきっかけとなる発言をしたAT&Tの最高経営責任者（CEO）Edward Whitacre氏は米国時間3月21日、同社を含む大手ネットワークプロバイダーがネットワークのトラフィックを妨げる可能性があるという懸念は大げさだと述べた。
> 　「プロバイダーがコンテンツへのアクセスを妨げるということは、プロバイダーを乗り換えるよう顧客に勧めるのと同じことだ。ビジネスとして良いことではない」とWhitacre氏は述べた[4]。

また

> 　電話会社側の関係者らは、こうした懸念は実態がないとし、その理由として顧客がその発生を許さないからと説明している。
> 　「われわれには、自社のネットッワーク上で提供される他社のサービスを遮断したり、その質を落とすといった意図は全くない」とVerizonのDavid Young氏（規制問題担当バイ

スプレジデント）は言う。「われわれは顧客が求めるものを提供している。それは高速な回線を低価格で提供することだ。顧客からこれを奪おうとするものは誰であっても市場で罰を受けることになるだろう」[4]。

　この記事にあるように、寡占状態とはいえども、市場で競争にさらされている以上、遮断や制限を加えられないというのが通信業者側の主張です。これは日本でも同様で、市場原理に基づいた行動が求められます。

　逆に、市場原理のない国ではどうでしょうか？　最も典型的なものとして中国政府によるネットの遮断・制限があげられます。是非の議論なく、問答無用で反政府的なサイトへのアクセス禁止が行われています。中国は日米とは違う価値観を持つ国であるからといってよいでしょう。

　GoogleやYahoo!は、中国内ではその言論統制に従いながらサービスを行っています。その行為が日米において激しく批判されているのも周知の事実です（補足：その後、Yahoo!は中国から撤退しました）。

　日米において、また同じ価値観を共有する西欧において、インターネットのあり方の最終決定権を持つのは我々消費者としての大衆であることは間違いありません。消費者のニーズは最適点であり終着点です。

　今回提起されたような、「インターネットとは誰の物か」というそもそも論は今後も繰り返されると思われますが、そのたびに所有権は消費者＝大衆にあることが確認されるでしょう。

課題 3-2
インターネットの中立性はどうあるべきでしょう。インターネットの接続業のビジネスモデルに言及したうえで、あなたの考えをまとめてください。

【引用】
- [1] 総務省　『情報通信白書（平成24年版）』　2012年
- [2] Cnet Japan 米下院司法委員会、「ネット中立性」関連法案を可決
  http://japan.cnet.com/news/media/20124107/
- [3] アットマークアイティ
  http://www.atmarkit.co.jp/fnetwork/trend/20040423/onemile.html
- [4] C-net JAPAN
  米で「ネットの中立性」をめぐる議論が激化
  http://japan.cnet.com/news/media/20098699/
- [5] 総務省　『情報通信白書（平成17年版）』　2005年

【参考文献】
- 実積寿也　『ネットワーク中立性の経済学：通信品質をめぐる分析』　勁草書房　2013年

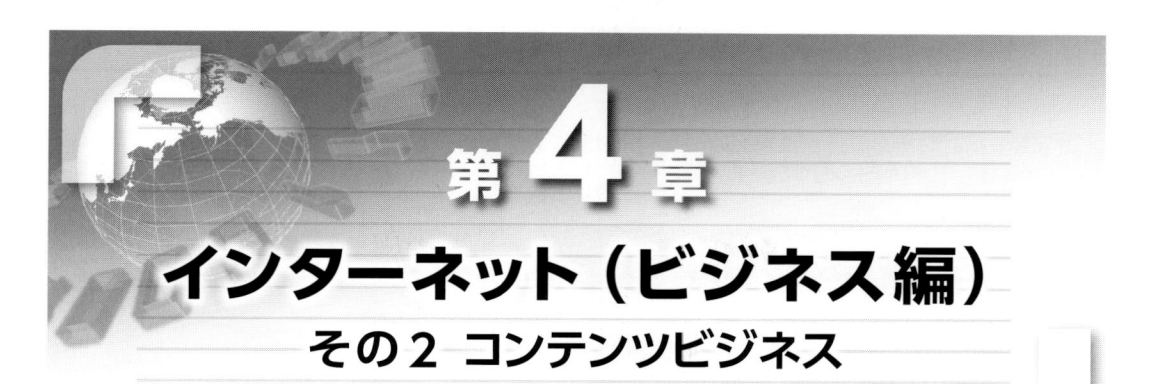

第4章
インターネット（ビジネス編）
その2 コンテンツビジネス

　本章ではインターネットを利用したビジネスのうちコンテンツなどのサービスを解説します。特に無料のサービスはどのようなビジネスモデルになっているかを理解し、適切に利用できるようしましょう。

1 コンテンツビジネスとは

　インターネットを介してデータをやり取りすることでお金を儲けるのがコンテンツビジネスです。ユーザーから直接お金をもらう方法もあれば、広告を掲載して企業からお金をもらう方法、ほかのサービスのおまけとして運営されている方法などもあります。

　日本で有名なサービスでは、Yahoo! JAPANのようなポータルサービス、mixiやFacebookなどのようなSNS（Social Networking Service）、ブログなどのようなCGM（Consumer Generated Media）、楽天やamazonのようなネット通販、ゲームや信用情報などのコンテンツ販売などがあります。

図4-1　日本を代表するポータルサイトYahoo！JAPAN[1]

第4章　インターネット（ビジネス編）　その2　コンテンツビジネス

2　ビジネスモデル

　ポータルサービスのビジネスとしては、広告費を稼ぐモデルと、ほかのサービスのおまけとして提供されるものの2つがあります。広告モデルがYahoo!やExcite、接続のおまけ的なサービスとして提供されている（されていた）ものがMSNやOCNです。

　ポータルサービスの生命線は閲覧数（page view）です。閲覧数を多くすることで広告価値を高めるビジネスを成立させています。閲覧数を多くするために様々な工夫がされています。

2.1　広告モデル

　広告モデルはサイト上にバナーなどの広告を表示することで広告主からお金をもらいます。市場規模は年々大きくなり、電通総研が発表した資料では、インターネット広告の市場は2012年度で8000億円まで大きくなりました[2]。ラジオや新聞、雑誌などよりも大きな市場です。

1）期間（期間保障型）

　指定された期間に指定されたサイトに広告を表示することでお金が発生するケースです。1週間単位などで閲覧数やクリック数に関係なくそのサイトに広告を載せます。インターネットの草創期はこの形の契約が主でしたが、最近は少なくなってきています。

2）表示数（インプレッション保障型）

　広告の表示数に応じてお金が発生するケースです。サイトの閲覧数が高く、なおかつ安定していれば、表示数の純広告（後述）を取ることで収入も安定します。大手のサイトで販売されている広告がこの表示数による販売です。

　個人サイトでは不正に表示数を上げて広告費をだまし取るなどの被害が相次いだため、現在ではほとんど販売されていません。

3）クリック数（クリック報酬型）

　広告のクリック数に応じてお金が発生するケースです。広告主としては自分のサイトへの誘導数が確定できるメリットがあります。こちらも表示数同様、個人サイト向けでは不正にクリック数をあげて広告費をだまし取るなどの被害が相次いだため、現在ではあまり使われていません。

4）売上数（アクション報酬型：レベニューシェア）

　広告をクリックしたうえで、その先のサイトで物が買われた場合に一定の割合でお金が発生するケースです。現在の広告では、純広告による表示数の販売と並んで大きな市場を形成しています。

　広告主側で販売した数に比例して収入があるため、一見収入が安定しないように思えま

すが、ある程度の閲覧数があるサイトでは一定の割合で定期的な収入が見込めます。

欠点としては、サイト運営者がどの広告を出すかを選べるため、サイト運営者の気分次第で広告が差し替えられしまうリスクが生じます。そのため、広告の閲覧数が安定しないことです。

それでも売上に比例して広告費を払えばいいだけですから、お互いリスクの少ない商品であるといえます。

以上の4つが代表的です。

さらに、広告主から直接お金をもらう「純広告」と、広告代理店等が一括して広告主と契約したうえで、サービス側に閲覧数やクリック数に応じて広告費を分配する「成功報酬型（アフィリエイト）広告」の2つに大別されます。

2.1.1　純広告

ポータルサイト側として最もリスクが少なく効率が良いのが広告の表示数に応じてお金が発生するケースです。特に、広告主から直接の契約で広告をもらう純広告を表示数に応じた報酬をもらう契約は広告単価も高く、実績を出せば、安定的に広告収入を得られます。

成果に応じてお金が発生するケースと比べ、単価で10倍〜20倍もの差があります。大手のポータルサービスの広告収入のほとんどは純広告で占められています（**表4-1**）。

表4-1　純広告とクリック広告の単価の違い

純広告	180万PV	300万円／月
成果報酬型	3500万PV	300万円／月

純広告では広告価値を高めるために閲覧者の属性を考えます。広告主は、「誰が広告を見ているか」を気にします。女性用の化粧品の広告を男性にみせても広告効果はありません。育毛剤や体臭抑制剤の広告であれば中年の男性に見てもらう必要があります。結婚相手紹介サービスは未婚の男女に、高齢者向け携帯電話であれば高齢者に見てもらわなければ意味がありません。

属性は性別・年齢をはじめ、収入や職業、既婚・未婚の別や住宅状況など、様々な切り口があります。その切り口にあわせてコンテンツを提供するのが広告ビジネスの鉄則です。

たとえば、化粧品会社から広告をとりたいと考えた場合、化粧品は女性が多く購入するので広告主は自分の広告を女性に見てもらいたいと思います。女性が多く閲覧するようなコンテンツを提供し、さらに女性の中でも、広告の対象年齢にあうような人が多く見るようなコンテンツを提供します。たとえば、体の相談コーナーや占いなどを無料で提供して若い女性を集めます。

また生命保険の会社から広告を取りたいと考えた場合、生命保険に最も加入する20代後半から30代前半の男女が多く見るようなコンテンツを提供します。たとえばサッカーのコミュ

第4章　インターネット（ビジネス編）　その2　コンテンツビジネス

ニティや子育て支援情報などです。生命保険の商品によっては一戸建ての人のほうが商品の売れゆきがいいということであれば、住宅状況も重要な属性になります。さらに最近では地域性も重要になっています。県単位や道単位での広告出稿などのニーズもあります。

　純広告モデルではサイトを作ってから広告を集めるのではなく、広告主に対して事前にヒヤリングを行い、広告主がアピールしたい層を集められるようにコンテンツを設計します。

2.1.2　成果報酬（アフィリエイト）型広告

　純広告は単価が高い反面、契約手続きが必要であることに加え、ある程度の閲覧数があるサイトでないと広告を取れません。あまり閲覧数のないおまけのようなサイトや個人ブログなどでは成果報酬型広告を利用しています。

　アマゾンや楽天が自らの商品をレベニューシェア型で販売しているほか、バリューコマースやGoogleなどがクリック保証型の広告を販売しています。

　1円単位で広告が売れるため、個人ブログなどを中心に利用が広がっているほか、法人が運営するサービスでもあまり閲覧数の多くないサイトなどで利用されています。個人ブログでは年間億の単位で広告費を稼ぐサイトなども登場しています。

　アマゾン・楽天などは自社商品およびモール内の商品に対して、商品代金の1％～5％程度の広告代を支払っています。100万円分の商品があるブログ経由で売れたとしたら最大5万円の報酬がブログ運営者に入ります。

　バリューコマースやGoogleなどは自らが広告代理店となって生保やネットショップサイトなどと契約します。これを個別に契約したサイトで配信してもらいます。100クリックしかないサイトでも1万サイトあれば100万クリックされます。小さい閲覧数を大量に集めることでボリュームを出し、ビジネスへとつなげています。

2.1.3　おまけとしてのサイト

　広告中心としたポータルがある反面、広告収入に頼らないサービスもあります。接続業のおまけ的に運営されているサービスです。

　90年代、特に95年にwindows 95が発売されて以降、インターネットの接続業は爆発的に増えました。パソコンにモデムが内蔵されていたため、電話線をパソコンに接続するだけでインターネットを利用することができました。しかし当時はインターネット上にコンテンツが少なく、せっかくつなげても見るべきものがない状態でした。

　接続業各社はユーザーの囲い込みのため、ユーザー向けのポータルサイトを作成し、ニュースやコンテンツを配信しました。インターネット全体の広告収入も少なかったため、接続業のおまけとしてのほうが費用獲得もしやすく、コンテンツが充実していました。インターネットの閲覧数のうち接続業のポータルが大きなシェアを占めていました。

　しかし接続業が価格競争になり（第3章参照）、利益規模が小さくなるとおまけとしてのサイトは成り立たなくなりました。いまは多くのサービスで規模の縮小・サービスの終了が相次

いでいます。

2.2 広告とポータルサイト

ポータルサイトは閲覧数がビジネスの生命線となります。より多くの閲覧数があるサイトがより多くの広告費をもらうことができます。そのため様々な工夫がなされ、多くの人に見てもらう努力をしています。

2.2.1 スタートページへの登録

閲覧数を高めるための1つの手法がスタートページとして登録してもらう方法です。

ブラウザには「スタートページ（Internet Explorer ではホームページという名前）」という機能があります（**図 4-2**）。ブラウザを開いたときに最初に開くサイトをスタートページとして登録することが可能になる機能です。

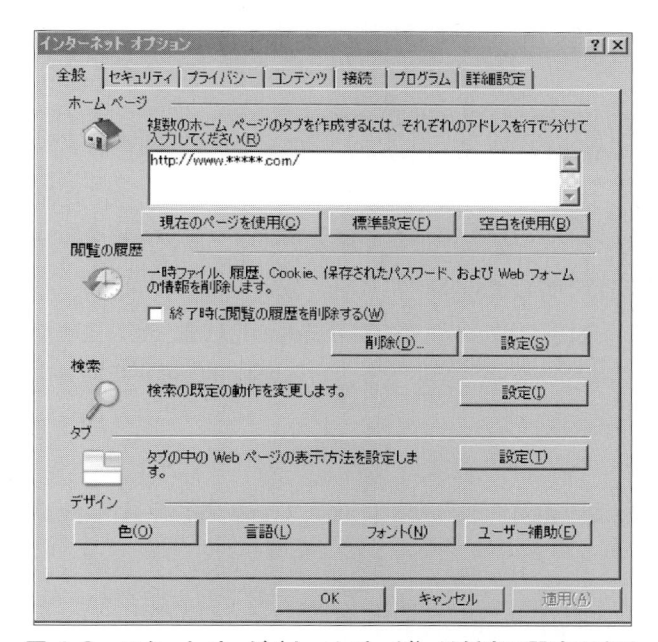

図 4-2 スタートページ（ホームページ）は任意で設定できる

スタートページに指定されたサイトは他のページと違い、ブラウザを開くという基本動作だけで表示されます。またブラウザ上の「ホームボタン」を押すことでスタートページを表示してくれる機能もあります。そのためスタートページはその人にとって最も閲覧数の多いページの1つになります。

ポータルサイトにとってはいかに多くの人にスタートページを登録してもうらかが重要な戦略の1つとなっています。

多くの人にスタートページに登録してもらう1つの方法は検索エンジンを提供して、自主的にスタートページに登録してもらう方法です。検索エンジンはキーワードをフォームに入力す

ると、キーワードに関連するサイトのリンクを一覧表示してくれるサービスです。たとえば「首相官邸」と入力すると、首相官邸のサイトや首相官邸のFacebookやtwitter、YouTubeなど、関連するサイトのリンクを一覧表示してくれます。

　インターネットの普及が始まった90年代の後半まではリンクを入力で作るところもありました。しかしインターネットが普及し多くのサイトが作られ、またドメイン名などに法則性が失われた現在では、リンクは機械によって自動的に作成されます。機械による検索で有名なのがGoogleです。Googleは被リンク数の多さをサイトの重要度として、重要度の多いサイトほど優先的に表示するという仕組みを採用しました。これは被引用数の多い論文は優秀な論文であるという学術界のノウハウを応用したものです。この仕組みは多くの人に受け入れられ、現在多くの検索エンジンはGoogleの仕組みを利用しています。

　ユーザーは検索エンジンをスタートページにすることで、多くのページへ手軽に移動することが可能になります。何か気になるキーワードがあるとき、たとえばテレビで紹介されたお店の情報を知りたいというとき、ブラウザを開いてすぐに検索できるとなればとても便利だからです。

　逆にいえば検索エンジンがなければスタートページとして登録してもらえない、というぐらい便利であるため、ほとんどのポータルサイトには検索エンジンのキーワード入力欄がついています。

2.2.2　ニュースや便利情報の提供

　検索エンジンと並び、ポータルサイトが提供するものとしてニュースや便利情報があります。

　ニュースはニューステキストやニュース写真を新聞社や通信社などから買い、自社ブランドとして公開します。新聞社などからCSVやテキスト形式で送信されてきたデータをポータルサイト側でHTMLのタグをつけたうえで公開するのが一般的です。ニュースを提供することで、常にサイトを新鮮な状態にすることができます。これによりサイトの陳腐化が防げます。ニュース記事を見てもらうことでサイト全体の閲覧数も増えます。

　同様にポータルサイトは天気予報や電車の乗換案内、株価情報やテレビ番組表を提供しています。ユーザーがよく使う便利な情報を1つのページからリンクすることにより、ユーザーがそれら情報を探す手間を省きます。

　ニュースや便利情報を提供することで「このページをスタートページに登録しておけば便利だ」とユーザーに思ってもらうこと狙っています。他のサイトにスタートページを奪われるリスクを減らす効果もあります。

2.2.3　強制的な登録

　検索エンジンやニュース・便利情報を提供し、ユーザーに能動的にスタートページとして登録してもらうという手法とは別に、いくつかのサービスでは別のサービスと提携して「無理やり」スタートページに自分のサービスを登録させる手法をとっています。

たとえばフリーのプログラムを配布しているサービスと提携し、そのプログラムをパソコンにインストールした際スタートページを強制的に変えてしまうという手法です。任意ではあるものの、初期状態で「スタートページを変更」が選択されていることがほとんどです。フリーのプログラムを入れただけなのにいつの間にかスタートページが変わってしまった、ということはよくあります。

プログラムのインストールの際にスタートページを変えないためにはチェックボックスを外さなければいけません。うっかり外し忘れてしまえば知らぬ間にスタートページが別のページになってしまうのです。

同様にパソコンの初期状態でブラウザのスタートページを指定しまうという方法もあります。パソコンメーカーが自社のサービス、もしくはパソコンメーカーが提携したポータルサイトなどのサイトをパソコンの初期状態としてスタートページに登録しています。

強制的な登録は、スタートページを変えるのが面倒くさい、もしくはスタートページを変える方法をしらない初心者などには有効です。またこれらの手法をとるサイトでは、スタートページを他のページに変えてしまわれないように、検索エンジンやニュース・便利情報などを提供してつなぎとめを図るところも多いです。

2.2.4　市場規模と課題

インターネットの広告市場は 2013 年の電通総研の調べで約 8,000 億円の市場規模となっています[2]。新聞（約 6,000 億円）、雑誌（約 2,500 億円）、ラジオ（約 1,250 億円）を抜いて、テレビ（1 兆 7,000 億円）の半分近い市場へと成長しました。

当初おまけ的に始まったサービスはほとんどが衰退し、現在は広告をメインとしたポータルサイトなどが成長しています。さらにスマートフォンの登場により、パソコン向けのサービスからスマートフォン向けのサービスに市場が移りつつあります。

わずか数年でビジネスの主戦場が変わってしまうのがインターネットの世界です。広告ビジネスをメインとしたポータルサイトも何年かすれば勢力図が変わっているかもしれません。

また広告モデルは多くの閲覧数を稼がないとなりません。そのため大規模な設備投資やコンテンツの購入費などが必要です。こんなサービスをやって適当に広告をつければビジネスとして回るだろう、という安易な企画をよく目にします。広告は広告主が広告価値を認めてはじめて成立するものです。あなたがサービスを作る側であるなら、それなりに投資が必要なサービスですから、慎重にサービスを設計する必要があります。

課題 4-1
広告モデルのビジネス企画を立ててみましょう。
その際、どういう広告を取るかを考えたうえで企画を立ててみてください。

2.3 ユーザー課金型

広告とならびネットビジネスを支えているのがユーザー課金型のビジネスです。サービス提供側とユーザーで金銭を直接やり取りします。広告モデルのように閲覧数を増やす努力ではなく、いかに買ってもらうかというのがビジネスの生命線になります。

2.3.1 信用情報

インターネット普及時に最もビジネス規模が大きかったのが（今でも十分大きいですが）会社の信用情報です。ある会社が別の会社と新しく取引を始めようとするとき、相手への信用調査は必ず行われます。過去に詐欺を行ったグループが経営者にはいっていないか、反社会的組織と関係していないか、過去に不渡りを何度も出している会社ではないか、などです。書類などを用意して信用会社に請求し、印刷したものを取りに行く、もしくは郵送してもらうというのは非常に手間も時間もかかります。もちろん作業をする人の人件費もかかりますから割高です。反面、オンラインではパソコン上で操作するだけで相手会社の信用情報をすぐに得ることができます。

ビジネス的な観点からみれば、個人がコンテンツにかけるお金は良くても数万円程度です（もちろんもっと出す人もいるかもしれませんが）。しかし会社のお金であれば百万・千万の単位を使うことが可能です。実際、個人事業主の知人に話をきいたところ、信用情報を買うためにネット上で毎月200万円前後の決済をしていたとのことでした。

2.3.2 オンラインゲーム

ユーザー課金型で成長しているのがオンラインゲームの市場です。オンラインゲームが出た頃は月額定額で楽しめるというサービスがほとんどでした。しかし韓国発で無料＋アイテム課金が流行ると一気に市場規模が大きくなっています。ゲームに関しては次項にて詳細を説明します。

2.3.3 成人向けサービス

「ネットコンテンツは成人向けのサービスがほとんどだ」というのはよく見かける誤解です。あるサービスの概要をみると成人向けサービスの売り上げは全体の数パーセントしかありません。どうしても大きく見えてしまうのは少数が多額の金額を使うという特徴があるため、一人当たりの単価が高くなっているためです。1人あたり数万円、数十万円を使うケースもすくなくないため、手っ取り早く稼げるビジネスとして目立ってしまいます。

しかし、成人向けサービスは他人に対して「使っていると思われたくない」サービスのうちの1つです。

過去にきわめて普通の接続サービスを運営し、それなりのユーザを確保していた会社がありました。その会社は、Webサイトのエリアレンタルの容量が当時の平均の100倍近くあるというのが売り文句でした。しかし容量が多いがゆえに、アダルトサイトが増えてしまいました。

そのため接続サービスのアドレスを利用しているとアダルトサイトは全体の5％未満であったのにも関わらず、「アダルトサイトの運営者」と間違えられるようになりました。自分がアダルトサイトの運営者・利用者と思われたくないという人が続出し、次々と別サービスに移ってしまいました。その接続サービスはしばらくしてビジネスとして成り立たなくなってしまいました。

また成人向けサービスは反社会的組織が関係している場合があり、無用なトラブルに巻き込まれることが多数あります。社会的にも批判が多いサービスですから、安易に使うことはビジネスとしてもマイナスです。

2.3.4 占いサービス

女性向けのサービスの代表的なものは占いです。テレビでも星座や生まれ月の運勢を毎朝放送しています。メッセンジャーやミニブログなどで「今日の運勢が1番だった」と嬉しそうに書き込んでいる女性を見つけるのはかなり簡単なことです。

占いに科学的根拠はありません。バーナム効果といって誰にでも当てはまりそうなことをいえばそれなりの確率であたります。占いは気分的なものが大きいですが、その日気分がよければそれでいいという程度のものです。

ネットでも占いはよく行われています。ポータルサイトなどで地域を登録しておくと天気予報が自動表示されるのと同様に、誕生日を登録しておくと今日の運勢を見ることができます。占いは天気予報同様に毎日変わるものですから、ポータルサイトの賑やかしにはうってつけな材料です。

この占いサービスは有料でも販売されています。有名占い師が個別に運勢を占ってくれるというものから、機械で自動的に運勢を占ってもらうものまで様々です。中にはネットで申し込んだうえで、電話で運勢を占ってくれるというものもあります。占い師が有名であれば有名であるほど単価は高くなります。そのため、あまり有名でない占い師でも肩書をつけていかにも有名な風に宣伝することがあります。

銀座の母や新宿の母などは昔から有名なキャッチフレーズですが、最近ではたとえば横浜の母、浦和の母、下町の父など、どこかで聞いたようでも聞いたことがないようでもないキャッチフレーズも増えています。

占いはあくまで「気分を良くするため」のものですが、有料占いは個別相談になってしまうため、占いというより人生相談になってしまっているのが実態です。見識がありカウンセリングの資格を持っているような人が相談にのっていればそれでいいですし、結果的にその人の人生が豊かになればよいでしょう。

しかし有料占いを利用する人の中には、「自分が思った通りの結果がでるまで何度も占う」という人もいます。恋に破れて傷ついている人に「あなたは別れた人と1年後に再び結ばれる」ということを何の根拠もなく出してしまうのはどう考えてもミスリードです。

ちなみに○○の母や○○の父といわれる人はそのようなときに「落ち込んでないで前を向け」といってくれる人が大半です。優秀なカウンセラーという側面も持っています。

占いは男性に対しての成人向けサービスと同じく、女性に対してのサービスとして単価の高いものです。しかしその先には人生に迷っている人がいるということを考える必要があります。もしあなたがサービスを作る立場になるのなら、そういった配慮をしながらサービスを設計しましょう。

2.3.5　そのほかの課金サービス

信用情報や成人向けサービス、オンラインゲームなどの他にも多くの課金サービスがります。メールアドレスを1アドレス200円／月で販売しているところもありますし、Webサイトのエリアレンタルを有料で販売しているところもあります。

近年では広告モデルであった新聞社の速報サイトが有料化しています。日経新聞や朝日新聞などが有料化を始めました。また有料メルマガもビジネスとして成立するようになってきています。人気のメルマガは年間1億円近い売り上げがあります。

インターネット普及期には「水と安全と情報はタダではない」ともいわれました。今後優良な情報は課金サービスに移り、独自のビジネスモデルを作っていくでしょう。

> **課題 4-2**
> 自分で利用している課金サービスを列挙してみましょう
> そしてなぜ自分がそのサービスに対して対価を支払ったか考えてみましょう。

2.4　ネットゲーム

課金サービスのなかで特筆すべきなのがネットゲームです。

ネットゲーム（ネトゲ・オンラインゲーム：Online game）は1つのサーバーに多数が接続して1つのゲームを楽しむゲームMMORPG（Massively Multiplayer Online Role-Playing Game）、FPS（First Person Shooting）や、ブラウザやアプリでクライアント側で利用するブラウザゲーム・ゲームアプリなどがあります。

2.4.1　ネットゲームのビジネスモデル

ネットゲームは広告モデルのものやおまけとして提供されるものもありますが、現在はほとんどが課金モデルになっています。

ネットゲームが広告モデルとして提供されているものの代表例は、ネットゲームのアバター（ネット上の自分の分身）の洋服やアイテムなどにスポンサーをつける方法です。たとえばコン

ビニエンスストアの制服をネットゲーム上で配布することで広告費を得ます。またファッションブランドと提携し、ブランドのデザインした服をネット上で配布するといった試みもされています。またキャラクターの人形を部屋に飾るアイテムとして配布したりすることもあります。

ただ広告だけでゲームを成り立たせるのは非常に難しく、単体で成り立っているものはありません。過去に自社のアピールとして電力会社がネットゲームを提供したこともありますが、こちらも現在では終了しています。おまけサービスとして成功しているのは自民党から出された「あべぴょん」とうゲームで、党のPRとして活用されています（**図 4-3**）。

図 4-3　自民党のPRのために提供されたネットゲーム「あべぴょん」[3]

2.4.2　課金モデル

ネットゲームのほとんどはユーザーからの課金で成り立っています。ネットゲームの草分けとして有名なウルティマオンライン（Ultima Online）は月額定額で遊べるサービスでした。シャードとよばれるサーバー別にゲームができ、それぞれに個性があります。ウルティマオンラインは人気を呼び、成熟したキャラクターのアカウントが現金で売り買いされるほどになりました。

月額定額のモデルを打ち破ったのが韓国系のネットゲームです。韓国はもともと著作権に対する意識が低く、パッケージ型のゲームを販売してもあっという間に海賊版がでまわってしまい、市場として成り立ちませんでした。

その状況であっても逆転の発想で大成功しました。まずゲームソフトそのものは無料で配ってしまいます。ソフトは単独では起動できません。インターネットで認証して初めて起動します。認証は最初の段階では無料です。名前やメールアドレスを登録するだけで利用できます。レベルアップしていくとある日突然「利用を継続するにはお金を払ってください」というメッセージがでてゲームが継続できなくなります。大概はレベルアップして強い敵を倒せそうに

なったあたりです。せっかくレベルアップしたキャラクターを捨ててしまうのはもったいないので、ついつい有料登録をしてしまう、というビジネスモデルです。

韓国ではもともとクレジットカードが普及していたということもありますが、金大中政権下でIT推進の政策がとられたことも後押ししてネットゲームの一大市場となりました。

さらにネットゲームの課金すらやめてしまって、ゲームソフトもサーバーにつなげてゲームするのも無料というモデルが出来上がりました。ソフト代も月額費用も払う必要がない代わりに、強いアイテムを得るには有料のアイテムをオンライン上で買わなくてはいけないというモデルです。このモデルはSNSのアバターで成功したビジネスモデルです。アバターの服やアイテムを好きな相手にプレゼントできるというモデルを作ったところ、モテたい！という一心で異性にアイテムを送る人が続出しました。

ゲーム内でアイテムを買うという文化が韓国では成熟しており、それがネットゲームにも応用され、成功しました。

2.5 アイテム課金

アイテム課金は巧妙にできています。

ゲームソフトは無料でダウンロードできます。そしてサーバーに接続するIDやパスワードも無料でもらうことができます。その後、サーバーに接続することそのものはずっと無料です。

ゲームを進めていくと、1人では倒せない敵が出てきます。その場合はギルドやチームを作って集団で倒します。集団で倒すと1人では得られないような強いアイテムが手にはいります。ゲームによってはギルド同志で戦争が行われるものもあります。100人以上のギルドで週末になると大規模な戦争が繰り返され、勝ったものがより多くの利益を手にします。

ギルドやチームは敵を倒したり戦争をしたりするだけではありません。何もないときはだらだらとチャットをするなど、仲間としてオンラインの生活を楽しみます。

仲間ができてくると、仲間に貢献したい、より強くなりたいと思うのは自然なことです。無料で手に入るアイテムではなく、優良アイテムを購入してでも貢献したい。このような心理を上手く利用してアイテム課金モデルは成り立っています。

一人で楽しむタイプ、特に最近の携帯電話向けのネットゲームもアイテム課金が盛んです。ゲームを進めるうちに強い敵が現れます。確率的に低い確率でしか倒せないため、何度やっても倒せません。強いアイテムを無料で得ることもできますが、強いアイテムを手にするには膨大な時間を要するように設計されています。なかなか倒せない相手にいらいらし、そのイライラを解消させるためについつい有料アイテムを購入してしまいます。

2.5.1 アイテム課金の問題点

ネットゲームがビジネスである以上、様々なビジネスモデルが試されるのは致し方ありません。しかしアイテム課金には様々な問題も提起されています。

1つはネットゲームを利用している中に少なからず未成年がいて、過剰な浪費をしてしまう

ことです。大人よりも可処分時間が多いこどもはネットゲームのユーザーの中でそれなりの割合を示しています。新しいルール変更にも柔軟に対応できますから、ゲームの達人になれる確率も高くなります。

しかし、アイテム課金は可処分時間ではなく可処分所得に依存します。そうなると一生懸命ゲームをやっても、お金を持っている大人には到底かないません。ゲームに夢中になった子供が大人に対抗するためにはお金もしくはお金と同等なものを用意する必要があります。

ネットゲームの本拠地である韓国では強いアイテム欲しさに売春をしてしまう少女や、万引きや恐喝でお金を稼ごうとする少年が相次ぎ、社会問題化しました。

親のクレジットカードを登録し、親の許可なく多額のアイテムを買ってしまうというトラブルも頻発しています。日本のネットゲームの会社では未成年の課金上限を数万円にしているところもあります。しかし数万円でも子供が払える金額ではありません。

もう1つは大人も含んだ過剰浪費です。有料アイテムは所詮デジタル情報です。それ自体の価値はゲーム会社の運営方針に依存しています。高価だったアイテムがゲーム一存であっという間に価値ゼロになってしまうこともあります。

リスクのある商品に何万、何十万円もかけてしまい、あとには何も残らなかったということになります。

2.5.2　ネットゲームの今後

ネットゲームがビジネスとして成立し、特にアイテム課金で大きく成長しました。スマートフォンの普及によりスマートフォン向けのゲームも増えています。

その一方で課金によるトラブルも増えてきています。サービス各社で啓蒙活動を進めていますが、より一層の努力は求められるでしょう。

ネットゲームがある一定の社会的認知のもと、娯楽として手軽に楽しめるよう、関係者のさらなる努力が必要です。

> **課題 4-3**
> 自分が利用しているネットゲームを列挙してみましょう。
> 自分の子供がそれを利用したとき、あなたはどんな注意を払いますか？

3　コンテンツサービス　まとめ

コンテンツサービスは今後も成長が見込める分野です。

信用情報や占い、ネットゲームなどの定番サービスもありますが、その変遷は激しく、常に新しいサービスが生まれています。コンテンツをウェブで PC 向けに出すだけではなく、携帯

第4章 インターネット（ビジネス編）その2 コンテンツビジネス

向けサービスやスマートフォン向けのアプリサービスなど、毎年新しいサービスが誕生しています。

今後はスマートフォンをはじめとした携帯電話や、ネットと融合したテレビが市場の中心になっていくことが予測されます。いかに有益な情報を提供していくか、いかにそれをビジネスとして回していくかが課題になっていくでしょう。

【引用】

[1] Yahoo! Japan　トップページ
　　http://www.yahoo.co.jp/
[2] 電通　「2012年日本広告費」
　　http://www.dentsu.co.jp/books/ad_cost/2012/index.html
[3] 自由民主党「あべぴょん」　アプリサイト
　　https://play.google.com/store/apps/details?id=jp.jimin.abepyon

第5章 法律と権利

本章ではインターネットに関連する法律を解説します。法律の専門書ではないので細かい解釈は省いています。インターネットに関連する法律や権利にどんなものがあるかを把握しましょう。

1 憲法

日本国憲法は「国民主権」、「基本的人権の尊重」、「平和主義」を掲げ、戦後日本の国のあり方を規定してきました。特に基本的人権の尊重に関して、憲法十三条で「自由及び幸福追求に対する国民の権利」が「最大の尊重を必要」とされていています（幸福追求権）。憲法では幸福追求権には関連する様々な権利が定められています。インターネットに関しての憲法の条文は第十九条と第二十条と第二十一条にあります。「思想の自由」、「表現の自由」、「通信の秘密」です。

1.1 自由とはなにか

自由とはなにかといえば、他者からの束縛や拘束を受けないことです。

一部で「インターネットで発言するのは自由だが、責任を持て」という言説があります。これは間違いです。自由である以上、拘束される＝責任を取る必要は一切ありません。

たとえば一部の独裁国家・思想統制をしている国家でも発言することは「自由」です。口を塞がないかぎり発言することは誰も止められません。政府批判や独裁者の悪口をいうことそのもの自体は「自由」にできます。ただし発言に対して責任を取らされます。発言に対する責任を問われて逮捕され裁判にかけられるでしょう。最悪の場合は処刑されるかもしれません。

さらに巧妙な独裁国家は「発言しても責任はとらせない、自由に発言してもいい」としています。その国は理想国家であり、独裁者は国民に対して慈愛に満ちた政策をもって幸せにしているからです。そのため政府批判や独裁者の悪口などあるはずがありません。あるはずがないため法律で禁止していないのです。

しかし実際は政府批判や独裁者の悪口は存在します。すべての人を幸せにするというのは不可能ですからいろいろ不満は出てくるでしょう。そうしたときにその国はその人を法で処罰することはしません。処罰する法律がないのだから処罰することができないです。

ではその国は政府批判や独裁者の悪口をいった人をどうするでしょうか？　答えは「病院に

第5章 法律と権利

入院させる」です。理想国家で政府や独裁者の批判や悪口をいうなんて考えられない！ きっとこの人は頭がおかしいのだ！ という論理です。

医者（という裁判官）がその人の精神状態を「診断」し、病院（という刑務所）に入院（という収監）させられます。もちろん医師の診断ですから弁護士などいません。医者の判断で入院する期間と入院の内容が決められます。これはあくまで懲役ではなくて入院です。刑務所ではなくて病院です。「治療」が終わるまで外にでることは「医者」が許してくれません。

自由というのはかくも「脆い」ものです。インターネット上の発言に対して責任を持て！ という方が散見されます。その人は自由というものを本当に理解しているのでしょうか？ みなさんも自分の頭で「自由」というものを考えてみてください。

自由というものをじっくり考え、自らの自由を守るためにも他人の自由を尊重しましょう。

1.2 思想の自由

> **日本国憲法　第十九条**
> 思想及び良心の自由は、これを侵してはならない。

日本国憲法の第十九条では思想や良心の自由を保障しています。共産主義の思想を持っていても、無政府主義者であっても処罰されることはありません。軍国主義復活を唱えたからといって警察に捕まることはありません。

インターネットでも同様です。政治的な発言をしたり、またそれに対して自らの思想・良心に基づいて批判したりするのは自由で、一切の責任を負いません。

1.3 信教の自由

> **日本国憲法　第二十条**
> 信教の自由は、何人に対してもこれを保障する。いかなる宗教団体も、国から特権を受け、又は政治上の権力を行使してはならない。
> 　2　何人も、宗教上の行為、祝典、儀式又は行事に参加することを強制されない。
> 　3　国及びその機関は、宗教教育その他いかなる宗教的活動もしてはならない。

日本国憲法の第二十条では信教の自由を保障しています。当たり前すぎて気づかない方もいるかもしれませんが、日本国では人がどんな宗教を信じても処罰されることはありません。他国では国が指定した宗教以外を信じることを禁じたり、国が指定した宗教を信じることを強制したりするところもあります。

日本はかつて国家神道があり、国と宗教が密接な関係にありました。さらに江戸時代はキリスト教が禁止されており、信仰するだけで処罰、最悪の場合処刑の対象になりました。

現行憲法では信教の自由が保障されています。インターネットでは自由に自らの信仰を唱えることが可能です。また他人の信教も尊重しなければいけません。

1.4 表現の自由

> **日本国憲法　第二十一条**
> 集会、結社及び言論、出版その他一切の表現の自由は、これを保障する。

　日本国憲法の第二十一条の1では表現の自由を保障しています。基本的に何をいっても何を書いても自由です。

　一部の国のように政府に都合の悪いことを記事にして出版したら、出版禁止になるとか会社が解散させられるということもありません。

　ただし猥褻画像などは法律で規制されています（これも憲法的な解釈でいえば表現の自由の侵害であるという主張もあります）。また他人の権利を侵害したり名誉を毀損したりすれば処罰の対象になります。不法行為に対しては損害賠償の対象になります。会社のありもしない噂話を広めれば業務妨害罪に問われます。

1.5 通信の秘密

> **日本国憲法　第二十一条の2**
> 検閲は、これをしてはならない。通信の秘密は、これを侵してはならない。

　日本国憲法での第二十一条の2では通信の秘密を保障しています。また電気通信法によって電気通信事業者も通信の秘密を守ることが義務付けられています。電話を盗聴したり親書を開封して中身を見たりすることは憲法違反・法律違反です。これはインターネットにも当てはまります。電子メールの中身は技術的にサーバー管理者が閲覧することが可能です。しかし相手の同意なく中身を見てしまうことは通信の秘密を侵すことになります。

　たとえば迷惑メールを自動的に排除する仕組みを提供しているところもあります。たとえ機械的に判断しているとしても、メールの中身を見てしまうことは通信に秘密を犯したことになります。そのため、迷惑メールを自動的に排除する仕組みを適用するには必ずメールを受け取る人の同意が必要となります。

1.6 憲法まとめ

　憲法は国民を縛るものではなく、国家権力を規制するものです。私たち日本国民は憲法によって思想・信教・表現の自由が保障され、通信の秘密が守られています。

　猥褻画像や名誉毀損など公序良俗に反することや他人の権利を侵害することは別途法律で定められている違反・不法行為ですが、基本的には「どんなことを考えても、どんな信仰を持とうとも、どんな表現をしてもいい」というのが日本国憲法で定められた日本という国のあり方です。

　これは自分だけの権利ではなく、もちろんすべての人に適用されます。お互いの自由を尊重し、「いいたいことが自由にいえる」社会を作りましょう。

# 第5章 法律と権利

2 権利に関する法律

インターネットに関しては憲法のもと、様々な法律が制定されています。

インターネットは色々な表現ができます。またパソコンを使えばデータを複製することも簡単です。専用ソフトを使えばデータを改変することも可能です。

しかし、簡単だからやってもいいということにはなりません。創作物には著作権があります。斬新なアイディアは特許で守られている場合もあります。他人の写真などは肖像権で守られています。

また発言すること自体は自由ですが、他人の名誉を毀損すれば名誉毀損として、3年以下の懲役もしくは禁錮または50万円以下の罰金が科せられます。不法行為による損害は民法によって損害賠償を負う責務が発生します。

自由であるけれども、他人の権利を侵害してしまえば、侵害したことによる損害を補わなくてはなりません。

自分の権利を守るためにも、相手の権利を尊重し、侵害しないようにしましょう。

2.1 著作権

著作物とは著作権法で

> **著作権法　第二条1項1**
> 思想又は感情を創作的に表現したものであって、文芸、学術、美術又は音楽の範囲に属するもの

とされています。著作物の例として

> **著作権法　第十条**
> 1　この法律にいう著作物を例示すると、おおむね次のとおりである。
> 　一　小説、脚本、論文、講演その他の言語の著作物
> 　二　音楽の著作物
> 　三　舞踊又は無言劇の著作物
> 　四　絵画、版画、彫刻その他の美術の著作物
> 　五　建築の著作物
> 　六　地図又は学術的な性質を有する図面、図表、模型その他の図形の著作物
> 　七　映画の著作物
> 　八　写真の著作物
> 　九　プログラムの著作物
> 2　事実の伝達にすぎない雑報及び時事の報道は、前項第一号に掲げる著作物に該当しない。

3　第1項第九号に掲げる著作物に対するこの法律による保護は、その著作物を作成するために用いるプログラム言語、規約及び解法に及ばない。この場合において、これらの用語の意義は、次の各号に定めるところによる。
　一　**プログラム言語**　プログラムを表現する手段としての文字その他の記号及びその体系をいう。
　二　**規約**　特定のプログラムにおける前号のプログラム言語の用法についての特別の約束をいう。
　三　**解法**　プログラムにおける電子計算機に対する指令の組合せの方法をいう。

としています。音楽や漫画、また写真やイラストなどの創作物には著作権があります。プログラムにも著作権が発生します。他人が権利を持っている音楽を勝手にインターネット上で公開することは権利侵害です。同様に、漫画をスキャンしたデータをインターネット上で公開することも権利侵害になります。

　SNSなどのプロフィールにアニメのキャラクターや芸能人の顔写真を使っている人が散見されます。権利者に許可を得ないで使っていれば、もちろん権利侵害にあたります。

2.2　公表権等（肖像権・プライバシー権）

　著作権法には人格権が定められています。著作物には人格権＝公表権・氏名表示権・同一性保持権の3つがあり、勝手に公開される、勝手に改変されることを禁じています。いわゆる肖像権やプライバシー権は人格権に含まれているという解釈がされています。

2.2.1　公表権（無断で公表されない権利）

著作権法　第十八条
著作者は、その著作物でまだ公表されていないもの（その同意を得ないで公表された著作物を含む。以下この条において同じ。）を公衆に提供し、又は提示する権利を有する。当該著作物を原著作物とする二次的著作物についても、同様とする。

とあります。自分の顔や全体の写真などを公開するかどうかはその人に権利があります。街中で勝手に人の写真をとり公開することは公表権の侵害にあたります。

2.2.2　氏名表示権（名前の表示を求める権利）

著作権法　第十九条
著作者は、その著作物の原作品に、又はその著作物の公衆への提供若しくは提示に際し、その実名若しくは変名を著作者名として表示し、又は著作者名を表示しないこととする権利を有する。その著作物を原著作物とする二次的著作物の公衆への提供又は提示に際しての原著作物の著作者名の表示についても、同様とする。

第5章 法律と権利

自分の著作物を公表する時に著作者名を表示するかしないか、もし表示するとすれば実名かペンネームかなどを決めることができる権利です。自分の名前をどう公開するかはその人に権利があります。勝手に公開されてしまえばもちろん指名表示権の侵害にあたります。

2.2.3 同一性保持権（無断で改変されない権利）

自分の著作物の内容やタイトルを、無断で変更されない権利です。

> **著作権法　第二十条**
> 著作者は、その著作物及びその題号の同一性を保持する権利を有し、その意に反してこれらの変更、切除その他の改変を受けないものとする。
> 2　前項の規定は、次の各号のいずれかに該当する改変については、適用しない。
> 　一　第三十三条第一項（同条第四項において準用する場合を含む。）、第三十三条の二第一項又は第三十四条第一項の規定により著作物を利用する場合における用字又は用語の変更その他の改変で、学校教育の目的上やむを得ないと認められるもの
> 　二　建築物の増築、改築、修繕又は模様替えによる改変
> 　三　特定の電子計算機においては利用し得ないプログラムの著作物を当該電子計算機において利用し得るようにするため、又はプログラムの著作物を電子計算機においてより効果的に利用し得るようにするために必要な改変
> 　四　前三号に掲げるもののほか、著作物の性質並びにその利用の目的及び態様に照らしやむを得ないと認められる改変

2項で定められたこと以外では、著作物を勝手に改変してはいけません。もちろん他人の顔写真を勝手に撮影し、加工することも権利侵害です。たとえばtwitter上で出回っている他人の写真を加工してしまえば同一性保持権の侵害にあたります。

2.3 名誉毀損

インターネットに関連するものとして名誉毀損があります。名誉毀損は刑法に定められており、懲役・禁固や罰金などが科せられます。

> **刑法　第二百三十条**
> 1. 公然と事実を摘示し、人の名誉を毀損した者は、その事実の有無にかかわらず、3年以下の懲役若しくは禁錮又は50万円以下の罰金に処する。
> 2. 死者の名誉を毀損した者は、虚偽の事実を摘示することによってした場合でなければ、罰しない。
>
> **第二百三十一条**
> 事実を摘示しなくても、公然と人を侮辱した者は、拘留又は科料に処する。

と、あります。虚偽の事実だけではなく、たとえ事実であっても名誉毀損は成立します。わかりやすい例では出身や国籍などで差別することは名誉毀損です。

2.4 損害賠償

不法行為で権利を侵害された場合（または名誉を毀損された場合）、民法によって損害賠償を求めることができます。

> **民法　第七百九条**
> 故意又は過失によって他人の権利又は法律上保護される利益を侵害した者は、これによって生じた損害を賠償する責任を負う。
>
> **第七百十条**
> 他人の身体、自由若しくは名誉を侵害した場合又は他人の財産権を侵害した場合のいずれであるかを問わず、前条の規定により損害賠償の責任を負う者は、財産以外の損害に対しても、その賠償をしなければならない。

裁判において名誉を侵害したと判断されれば、その行為によって発生した損害を賠償しなければいけません。公共の利害に関する事実に係り、かつ、その目的がもっぱら公益を図ることでない限り、名誉毀損は成立します。

他人の悪口をネットで書くことはよほどの公共的利益がない限りしてはいけません。

3　そのほか関連する法律

そのほか、インターネットに関連する法律として「特許法」や「公職選挙法」があります。特許は発明などのアイディアを守る法律です。インターネットで新しいサービスを展開するとか、便利な情報をウェブ上で提供するなどするとき、その仕組みそのものが特許侵害にあたるということがあります。

インターネットはここ 20 年で様々なサービスが生まれました。ぞれぞれのサービスには必ず新しいアイディアがあります。特許申請していれば独占的に使う権利が発生しています。

特にスマートフォンアプリなどは個人でも手軽に開発でき、公開できます。その手軽さゆえに他者の特許を侵害してしまっているというケースはよくある話です。

素晴らしいアイディアほど先に特許を取られたりしています。なにかサービスを出すときは特許を必ず確認しましょう（公職選挙法については、第 14 章にて詳細を説明しています）。

4　国際的な概念・忘れられる権利と中立性問題

国際的な概念として、ネットの中立性や忘れられる権利が注目されるようになっています。（ネットの中立性は第 3 章にて詳細を説明しています。）

忘れられる権利とは、過去の行為などを「忘れて」もらう権利です。インターネットはデータの公開性に優れたサービスです。また情報技術そのものは大量のデータをより効率的に保存することを可能にしました。

第5章 法律と権利

そのため、過去の犯罪履歴や病歴など、当人が「恥ずかしい」と思うような事例も長い時間保存・公開されてしまいます。

2012年1月にEU(欧州連合)は「一般データ保護規則案(General Data Protection Regulation)」を提案し、第十七条に「忘れられる権利」を謳いました。

> Article 17 Right to be forgotten and to erasure
> 1. The data subject shall have the right to obtain from the controller the erasure of personal data relating to them and the abstention from further dissemination of such data, especially in relation to personal data which are made available by the data subject while he or she was a child, where one of the following grounds applies:

フランスで検索エンジンの運営会社に対して写真を削除するように申し立てた女性が勝訴しました。日本でも検索エンジンのサジェスト機能で履歴を削除する判例がでています。検索エンジンの運営会社は自社のポリシーに反しないからといって削除に応じていませんが、今後「報道の自由」や「知る権利」との間で大きな論争になることが予測されます。

5 まとめ

インターネットに限らず日本および世界には様々な権利があります。私たち自身は思想の自由・表現の自由の権利を持っています。何かを創作すれば著作権が、発明をして申請すれば特許権が与えられます。自分の権利が侵されないよう、他者の権利も尊重しなければいけません。

また名誉毀損のような刑法に関わる事項もあります。

インターネットを含め、私たちは自由な世界に生きています。その分、自分の行動が他者の権利を侵してしまえば、損害を補わなくてはなりません。

自分の権利・他者の権利を理解し、無用なトラブルに巻き込まれないようにしましょう。

課題 5-1

あなたが経験した「これは違法ではないか」と思うことを上げ、関連する法律と照らし合わせて違法かどうか確認してレポートしてください。

【参考文献】

- 総務省　法令データ提供サービス e-Gov（イーガブ）
  http://law.e-gov.go.jp/cgi-bin/idxsearch.cgi
- 文化庁　著作権テキスト
  http://www.bunka.go.jp/chosakuken/text/
- 総務省　「個人データ保護規則」案 仮訳
  http://www.soumu.go.jp/main_content/000196316.pdf
- 欧州連合　一般データ保護規則案　第17条

第6章 ソーシャルネットワークサービス（SNS）

本章ではネットコミュニケーションの代表的なプラットフォームであるソーシャルネットワークについて、その成り立ちや社会的役割などを解説します。

1 ソーシャルネットワークとは

1.1 ソーシャルネットワークとは

ソーシャルネットワーク（SNS：social networking service）とは、ネットコミュニケーションサービスの1つで、ネット上で人と人とがつながるためのサービスです。

有名なサービスとして mixi や Facebook などの個人のつながりが中心のサービス、LinkedIn のようにビジネスのつながりが中心のサービス、mobage や gree、コロプラのようにゲームでのつながりが中心のサービスなど様々な種類があります。また twitter や LINE など、チャット的な会話を楽しむためのサービスもあります。

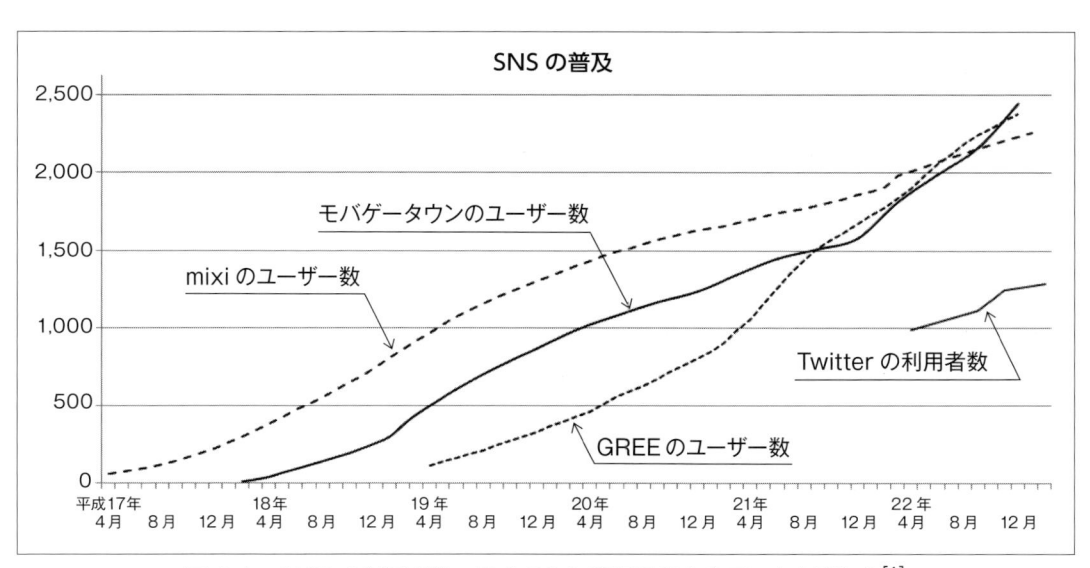

図 6-1　SNS の利用者数　平成 23 年情報通信白書データより作成[1]

第6章 ソーシャルネットワークサービス（SNS）

さらには地域限定のSNSや大学限定、趣味限定、職業限定のSNSもあります。地域限定では熊本県八代市の「ごろっとやっちろ」や兵庫県の「ひょこむ」、職業限定では医療関係者のみの「M3」などが有名です。

最盛期には日本だけでも500以上のSNSが存在しました[2]。

総務省が出している平成23年情報通信白書では、mixiやmobage、greeでそれぞれ2000万人近い人が利用しています（**図6-1**参照）。

> **課題 6-1** あなたが使っているSNSを書き出してみましょう。

1.2 SNSの特徴

SNSの特長として「個人プロフィール」と「つながり」があります。

個人プロフィールは自分が何者であるかを紹介するページです。自分の名前、所属先、学歴や出身地などを登録します。Facebookのように信仰や国籍、支持する政党などの内面的な事も登録できるSNSもあります。逆に名前はニックネームだけで、趣味嗜好などの限定的なものだけを登録するSNSもあります。

プロフィールをもとに「つながり」ができ「コミュニティ」に発展していくのがSNSの大きな特徴です。SNSは登録したプロフィールをもとに「友達関係」を作ることができます。友達関係になるとより詳しいプロフィールを見ることができたり、その人がプロフィール内に記録している日記を見たりなど、お互いのより深い情報を交換することができます。

2 個人のプロフィール公開

2.1 個人プロフィールの公開は当り前？

SNSの特長である「プロフィール」について考えてみましょう。

SNSが登場するまでネット上の発言は自ら名乗らない限り、発言者が誰であるかの特定は難しいものでした。

SNSが登場する前、ネットコミュニケーションは掲示板（BBS：Bulletin Board System）が主なものの1つでした。有名なものとして、パソコン通信サービスのNIFTY-ServeやPC-VAN、アスキーネットやPeopleなどがありました。

掲示板は書き込む際、コメント記入欄に任意で名前やメールアドレスを入れることができます。またコメント欄に自ら「名前」や「所属」など（署名：シグネチャー）を入れて発言の信

頼性を高めることもできます。しかしこれらは任意であって、すべての人がプロフィールをさらしているわけではありません。

ネット上で「名乗る」ということはどういうことなのでしょうか？ 社会学者の折田明子博士によれば、ネット上の「名乗り」には3種類あるとされています[3]。誰だかわからず（到達不可能）発言そのものの関連性もわからない（リンク不可能）「名無し」、誰だかわからないけど発言ごとの関連性がわかる（リンク可能）「ハンドル」、誰だかわかりしかも発言ごとの関連性もわかる「実名」です（**表 6-1** 参照）。

表 6-1　折田明子による名乗りのモデル

	リンク不可能	リンク可能
到達可能	—	実名
到達不可能	名無し	ハンドル

2.2　実名のメリットとデメリット

現実社会での実名（戸籍上の名前や通名）をネットの名乗りとして使うメリットは何でしょうか？

実名を使うメリットとして、実名を使えれば発言への賞賛はすなわちその人への賞賛となります。素晴らしい知見や考え方を持っていれば共感する人と友達になれるかもしれません。それをきっかけにネットの向こう側にいる見知らぬ誰かがあなたという人を知る機会になるかもしれません。実名を名乗ることで信頼関係を構築し、人脈が増え、人生をより豊かにしてくれます。

学術的な意見交換・議論なども有効です。特に大学や研究所に所属していれば自ら名乗って発言することで、多くのアドバイスをもらえたりすることがあります。

しかし、デメリットもあります。もし考えに共感してもらえない、または考え方に反発を食らってしまえば見知らぬ誰かに危害を加えられるかもしれません。一方的に好意を持たれストーカーの被害、もしくは暴行や連れ去りのリスクも増えることになります。さらに反道徳的な発言などによって世間的な評判が下がってしまうリスクもありますし、守秘義務違反など法律に違反するような発言があれば解雇のリスクもあります（**表 6-2** 参照）。

たとえば、科学的な知見や新しい考え方などを発表する際は、実名を使うことでその人の評価を上げることができます。逆に内部告発などに実名を使ってしまえば、所属先から嫌がらせを受けるリスクは格段に高まるでしょう。

表 6-2　実名のメリットとデメリット

メリット	発言への賞賛がその人の賞賛になる 学術などのアドバイスをもらえる機会が増える 発言を通して人脈が増えるチャンスがある
デメリット	考え方への反発がその人への批判となる ストーカー被害のリスクが上がる 内部告発や権力批判がしづらい

2.3 匿名のメリットとデメリット

名無し（まったくの匿名）をネットの名乗りとして使うメリットは何でしょうか？

名無しを使うメリットとして、実名を使う際のリスク、考え方への反発から危害を加えられたり、ストーカー被害のリスクを減らしたりことができます。考えに共感してもらえない、間違った知識をもとに間違った考えを発言してしまっても発言者の評価がさがることはありません。

また法律に基づくIPアドレスの開示命令がない限り、あなたの発言が責任を負うことは無いでしょう。内部告発や社会のタブーに対しての挑戦的意見を自由に発言することができます。特に政府批判や不正告発など、発言者にリスクがあるようなものが自由に行えます。これにより社会の自浄を促し、不法行為を減らす効果があります。

しかし、考えに共感してもらえても何もメリットがありませんし、正しい知見で素晴らしい考え方を披露しても「その人」の賞賛にはつながりません。一生懸命文章を書いても、あなたがすっきりする、という以外のメリットはまったくありません。

名無しでは現実社会でその人の人生を豊かにしてくれる出会いのチャンスも減ることになります。あなたのことを誰も認識してくれないということもありますが、たとえば「どこそこで会おう！」と約束しても、相手がどんな人かわかりません。ひょっとしてあなたに悪意がある人が誘い出しているかもしれませんし、そもそもそれ自体がいたずらで集合場所に行っても誰もいないかもしれません（**表 6-3** 参照）。

表 6-3　名無しのメリットとデメリット

メリット	考え方への反発があっても直接その人の批判にならない ストーカー被害のリスクが下がる 内部告発や権力批判がしやすい
デメリット	発言への賞賛がその人の賞賛につながらない 学術などのアドバイスをもらえる機会が減る 発言を通して人脈を増やすことができない

2.4 ハンドルのメリットとデメリット

実名と匿名の間にあるのがコテハン（固定ハンドル）です。ハンドルはネット上のニックネームですから、よほど実名に近いハンドルをつけないかぎり、ハンドル名からその人を特定することはできません。しかし過去の発言を関連付けることにより「ハンドル」の人格に対して賞賛や共感を集めることができます。またコミュニティ内で「厄介」な発言を繰り返すような人をハンドル単位で排除することが可能ですから、良質なコミュニティを維持することも可能です。コミュニティの質が良くなれば自然とオフ会なども盛んになりますから、現実社会で会ったときにお互いの実名を交換し、人脈を広げることも可能になります。

ただし、ハンドルは比較的容易に「実名」を推測することが可能です。発言内容や発言の癖、またはその人しか知りえないような情報を漏らしてしまったりすることで実名にたどり着かれ

るリスクがあります。また複数のサービスで同じハンドルを使っていれば、それから推測されて「この人だ」とたどり着かれることもあるでしょう。

実際、ハンドルだからといって多くの人を傷付けるような発言を繰り返した方が、別サービスで使っていたハンドルでもたらされた情報によって本人が特定され、会社や自宅などに嫌がらせが繰り返されたという例もあります（**表 6-4** 参照）。

表 6-4　ハンドルのメリットとデメリット

メリット	ハンドルの人格に対して賞賛や共感を集められる 厄介な発言を繰り返すハンドルを排除することが可能 オフ会などを通じて人脈を広げることができる。
デメリット	実名を推測することが可能で、実名と同様のデメリット

課題 6-2　あなたが SNS で使っているのは実名ですか？　ハンドルですか？
またあなた自身のメリットとデメリットを挙げてみましょう。

2.5　オンライン上の実名と匿名

　SNS は実名もしくはハンドルを利用して比較的個人が特定されやすい状態のプロフィールページを公開することがサービスの基本になっています。これは SNS が登場した 2000 年代後半からの文化というわけではありません。ネットコミュニティが始まったころはそもそも実名（もしくはハンドル）文化でした。

　1990 年代まではネットの利用には数万円 / 月の費用が掛かりました。そのためネットコミュニティの中核が大学関係者や研究者、もしくは個人事業主などでした。自ら誰であるかを名乗って人脈を広げることにメリットを感じる人が多かったのです。

　実際、1980 年代後半から 1990 年代に流行したパソコン通信では、ネットコミュニティでは約半分が「実名」を名乗り、のこり半分は「ハンドル」を名乗っていました[4]。お互い自己紹介し、何者であるかを明らかにすることのメリットが大きかった時代です。

　2000 年代になり家庭での常時接続環境の値下げが相次ぎました。特に Yahoo!BB が登場し、2,980 円 / 月の ADSL 回線がリリースされると、FTTH（光ファイバ）などもあわせて値下げされました。常時接続環境が 5,000 円 / 月もあれば整ってしまう状況になったのが 2000 年代前半です。多くの人が時間を気にすることなくネットコミュニティを利用するようになりました。それに伴いできるだけ安く情報を手に入れたい、ビジネスではなくエンターテイメントとしての情報受信をしたいという層が増えました。

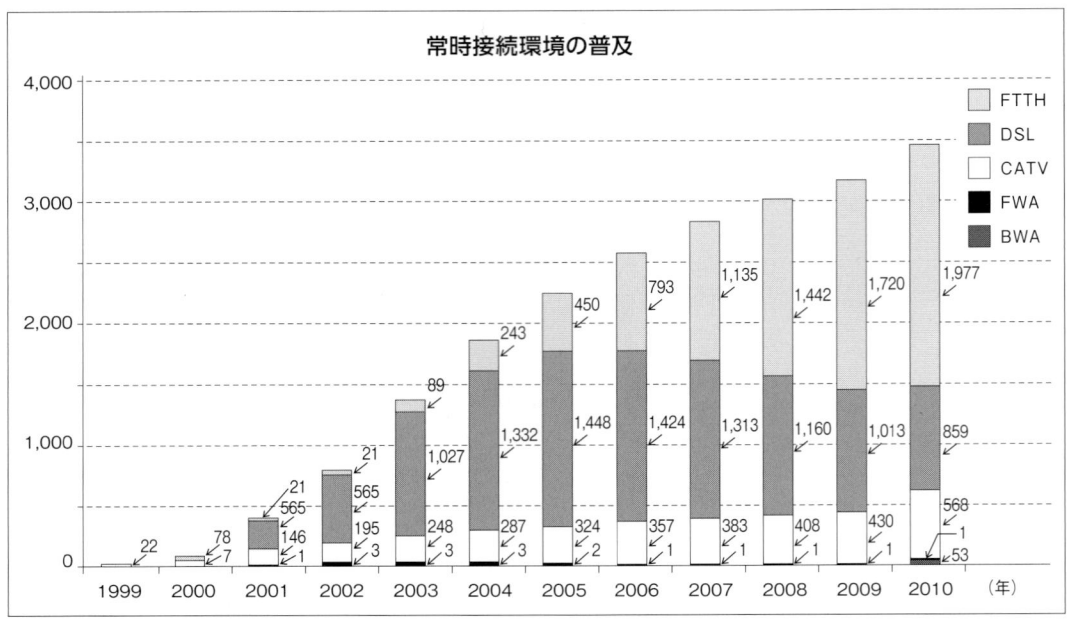

第6章　ソーシャルネットワークサービス（SNS）

図6-2　常時接続環境の普及（情報通信白書2012より）[5]

　真面目に議論をしたり意見を交換したりするよりは、おふざけの一種としてネットコミュニティが使われるようになり、実名やハンドルを使うメリットが減少しました。特に1999年からスタートした掲示板サービスの「2ちゃんねる」は完全匿名を売りにしていました。情報を安く、そしてエンターテイメントとして楽しむ層が2ちゃんねるに集まりました。2ちゃんねるは2000年代を代表するネット文化を形成していきます。アスキーアートの劇的な発展や多くのネットジャーゴンを生み出した反面、匿名による弊害も顕在化しました。2ちゃんねるは誹謗中傷の温床にもなり、多くの人を傷つけることとなりました。

　また匿名であるために意見や考え方が発信者の評価につながりません。ちゃんとした意見を出しても評価されないため、コミュニティ全体が低質な議論で埋め尽くされるようになります。

　ネットコミュニティ全体が批判されるようになったものこの頃です。

2.6　実名文化から名無し文化へ、そして再び実名文化へ

　ネットコミュニティへの批判が増える中2000年代半ばに普及し始めたのがSNSとブログです（ブログについては第8章にて説明します）。掲示板とSNSの大きな違いが「個人プロフィール」があるかないかです。

　掲示板は単純に発言を時系列に並べて表示するものです。発言者を特定するためには発言時に入力されたIDや名前（ハンドルもしくは実名）などで判断をします。もしくは発言の下部に署名をいれてあれば、そこから判断もできます。しかしそれらはあくまで任意ですから、IDや名前からその人がどのような人であるかは発言内容などから推測するしかありません。そのため発言内容が主で、その発言が誰のものであるかは従の関係になります。

SNS は個人プロフィールをもとに発言をしていきます。掲示板のように発言を時系列に表示するのではなく、個人がプロフィールの中で発言をしていきます。その発言に対して他人が返信する際は個人プロフィールに紐づいた形で表示されます。そのため SNS では発言が誰のものであるかが主で、発言内容は従の関係になります。

　現実社会でのつながりの延長線上としてネットコミュニティを利用したいという人、またネットコミュニティで人と人でつながりたいという人が SNS を利用し始め、爆発的な普及につながりました。

　2010 年代にはいり Facebook が「実名コミュニティ」を売り文句にシェアを伸ばしました。本場米国では実名利用者は少数でニックネームや母方の姓を名乗ったりするのが通例ですが、日本でのプロモーションで実名を謳ったため、日本では実名登録が当たり前のように行われました。同級生を探したりするのに便利で、そこから新しい出会いが生まれたりもしています。またちゃんとした情報発信をすればちゃんとした評価を得ることが可能になりました。現在では多くの人が実名で情報発信をしています。

3　つながりとコミュニティ

3.1　つながりとは

　SNS のもう 1 つの特徴が「つながり」のコミュニティです。人と人がつながることでコミュニティができあがることもありますし、コミュニティを切っ掛けに人と人がつながることもあります。

　SNS はプロフィールをもとにして情報をやり取りするサービスです。そのプロフィールごとに「つながる」ことができることもできます。

　つながるためにはお互いの「承認」が必要であるタイプと、「承認」を必要とせず一方的につながることができるフォロー・被フォローのタイプがあります。

　承認が必要なものは mixi や mobage、gree などです。どちらかが友達申請を行い、申請された側が許可することで「つながり」ができます。つながりができると公開されているプロフィールだけではなく、よりプライベートなプロフィールを見ることができたり、また相手の書き込み（日記など）を見ることができたり、さらには書き込みに対して返信をしたりすることができるようになります。掲示板のように不特定多数と交流するのではなく、自分が承認した人とだけ交流が持てるためより親密な交流を図ることができます。

　承認を必要とせず、申請すれば一方的につながることができるフォロー・被フォローのタイプは twitter などです。Facebook も設定すればフォロー・被フォローの関係をつくることができます。フォローすることで、ある程度までの相手の情報を見ることができます。承認のようにお互い対等な立場になってつながるというよりは、有名人とファンのような一方的なつな

がりといえるでしょう。フォローすることで、相手の書き込みなどを見ることができ、ある一定の範囲で返信などができるようになります。

3.2　つながりを生むもの

　SNSのつながりは、現実社会でのつながりから生まれるものとコミュニティ内のつながりから生まれるものがあります。

　現実社会からのつながりは、実際の友達や同僚、学校の先生と生徒などのつながりから発生するものです。現実社会で会ったときにお互いの探し方、名前や登録したニックネーム、もしくはプロフィールページのURIなどを教えあってつながります。最近では携帯電話の番号を登録しておくと、相手の電話帳に登録されているだけで自動的に承認状態になる、というようなサービスも登場しています。また、知り合いの名前を検索してつながるというケースもあるでしょう。いずれにしても、現実社会からのつながりをネットに反映したものになります。

　コミュニティ内のつながりは、ネット上でやりとりの中から発生するつながりです。趣味や共通の嗜好で情報交換をするサービスで知り合い、つながります。そのままネット上だけの知り合いとして関係が継続するものもあれば、お互いの考えや趣味嗜好が合致して現実社会で会う機会を持つ場合もあるでしょう。そもそもネット上で知り合い、現実社会で関係を持つということを目的としたSNSがあります。いわゆる出会い系SNSです。ほかにもプロフィールを登録するとランダムにつながりを作ってしまうサービスなどもあります（ただしあまり流行っていません）。

3.3　つながりのコミュニティ

　SNSの特徴の1つがその「つながり」から発生するコミュニティです。

　ネット上でつながることで相互の情報を見ることが可能になります。卒業した学校での友達の近況、会社の同僚の家族の模様、ひっそりと恋焦がれるあの人のプライベートなどの情報を得ることができることはもちろん、それら情報に返信をすることでより一層のつながりを強めることが可能になります。それは言葉だけのやりとりだけとは限りません。ゲームでアイテムをプレゼントしあったり、Facebookで有名になった「いいね（like）ボタン」を押しあったりなどもコミュニケーションの1つです。ゲームでアイテムを交換しあううちに付き合うようになった、なんて話もあります。

　逆に、ネット上で共通の趣味嗜好から知り合い、現実社会の付き合いに発展したということもあります。ネットには共通の趣味嗜好を持つ者同士が集うファンサイトが存在します。ゲームやアニメなどのサブカル系もあれば、芸能人やスポーツチームなどのものもあります。性的嗜好に関してのものもありますし、特にテーマを定めずにだらだらと時事ネタを交換し合うものもあります。

　共通の趣味嗜好で気が合う仲間で集うようになり、オフ会（オンラインではなくオフライン

で会うという意味）などを通じて親交を深めます。

　米国の調査では結婚するカップルの 1/3 はネットコミュニティがお付き合いの始まりだ、というものもあるほどです [6]。

3.4　SNS のつながりとは

　SNS は 2000 年代半ばから急速に普及し始め、もはやネットサービスに必須なサービスの 1 つとなりました。

　パソコン通信が流行っていた 1980 年代から 1990 年代前半までの実名・ハンドル文化。常時接続が安価に利用できるようになって生まれた匿名（名無し）文化。それぞれに長短があり、独自の文化を作ってきました。両方の特長をよりよく合わせものが SNS といえるでしょう。

　SNS の特徴は、それまでの掲示板と違って個人のプロフィール中心でプロフィールごとのつながりがコミュニティを形成する点です。事から人へとコミュニティの中心がかわることで、より個人に特化したサービスを提供することが可能になりました。

　さらに SNS は社会の枠を大きく飛び出し、世界中の色々な人とも「つながる」ことも可能です。インターネット初期にあった「掲示板に何気なく数学の宿題を書き込んだら、ノーベル賞受賞者が答えてくれた」というような牧歌的なつながりから、大きく社会を動かすような「革命」にまでつながることもあります。

　「つながる」ということはインターネットがもたらす大きな力の 1 つですが、ネット上で人と人がつながることがあなたの人生に大きな幸せをもたらすかもしれません。

4　SNS が起こした革命？

4.1　アラブの春

　アラブの春とは 2010 年から 2011 年のジャスミン革命をきっかけに、アフリカ北部から中東にいたる国々で起こった民主化革命です。ジャスミン革命は 2010 年 12 月 17 日、チュニジアで起きた革命です。露天商モハメド・ブアジジ（享年 26 歳）が警官の横暴に抗議するために焼身自殺したことが発端で、焼身自殺のニュースが長く続いた軍事独裁政権に対する不満、特に 30％近くの失業率に苦しんでいた若者たちの不満に火をつけました。翌 1 月にはデモが拡大し、14 日にベン＝アリー大統領は国外に逃亡、革命が成功しました。チュニジアの国の花であるジャスミンに倣って、この革命はジャスミン革命と呼ばれています。

　ジャスミン革命に触発されて、イスラム諸国では次々と民主化を求めてデモが起こりました。エジプト・イエメン・リビアでは政権が倒れました。エジプトは 30 年近く続いたムバラク政権が崩壊、イエメンではサーレハ大統領が辞任、リビアでは内戦にまで発展し独裁体制を布いていたカダフィ大佐が殺害されました。サウジアラビアやヨルダンでも民主化デモが起こった

第6章　ソーシャルネットワークサービス (SNS)

ほか、シリアでは内戦に発展し、2013年7月現在でも戦闘が続いています。

4.2　アラブの春、ジャスミン革命とSNS

　このジャスミン革命やアラブの春に「SNSが大いに関わった」とされています。正確には革命の過程においてSNSはほとんど使われなかったのですが、現在でも多くの文献などで「SNSが革命を起こした」とされています。

　まずデモはSNSなどで呼びかけられたとされていますがそれは間違いです。デモは労働組合や女性の地位向上などの団体、もしくはモスク単位などの宗教ネットワークが中心となって呼びかけられました。すでにあるネットワークを伝ってチラシやビラなど紙媒体が流通した情報の中心です。

　都内で行われたある勉強会で、講師として招かれたあるチュニジア人は、ジャスミン革命のことを「あれはSNS革命ではない。チュニジア人のチュニジア人によるチュニジア人のための革命だ」といっています。実際そうだったのでしょう。

　それでも「SNSが大いに関わった」とされるのは、国外への情報発信にSNSが大いに役立ったからです。これは前述のチュニジア人も認めています。独裁政権国内では自由に情報を発信することができません。特にテレビや新聞は激しく規制され、情報発信どころか取材すら自由にできません。

　SNSも規制されているものの、法人単位であるテレビや新聞に比べて個人単位であるSNSは数が多いことから規制することが難しく、またインターネット技術は「抜け道」がたくさんあるため、少しでも技術的知識があれば情報を国外に出すことが可能です。たとえば、国内のサービスが規制されていれば外国のサービスを使えばすみます。外国のサービスに接続できないように規制されれば、いったん外国、たとえば、フランスやイギリスなどの第3国のサーバー経由で接続するなどです。実際ジャスミン革命では米国のサービスであるFacebookやtwitterが利用されたとされています。

　反政府デモが起これば、独裁国家では報道規制をして情報を外に出さないようにします。これまではテレビと新聞などマスメディアさえ押さえておけば、なんとかなったのですが、ネット、特にSNSの登場によりその規制が効かなくなりました。国内からSNS経由で出された情報をもとに外国にあるテレビ局などが放送番組を組み立てます。中東に最も影響があるとされているのが中東カタールにある「アルジャジーラ衛星放送」です。また、イギリスのBBCや米国のCNNなども少なからず影響力があります。SNS経由で発信された国内のデモの模様はテレビ局のニュースソースとなりました。国内では労働組合や女性運動家などによるネットワークが革命の導線となりつつも、外国テレビ局への発信はSNSを経て情報が届けられました。

4.3　アラブの春、1月25日革命とSNS

　ジャスミン革命の成功を受けて、次に革命運動がおこったのがエジプトです。ジャスミン革

命で SNS が利用されたと宣伝されていたため、政府側は当然のごとく国内から SNS への接続、さらにはインターネットの接続そのものも遮断をしました。さらに政府は携帯電話も規制しています。

しかし革命の動きは止まりませんでした。2011 年 1 月 25 日から始まったデモは全土に拡大し 100 万人規模に膨れ上がりました。同年 2 月 11 日、ムバラク大統領は大統領辞任を発表、一族とともにリゾート地へ移住しました。

ジャスミン革命と同じく、革命運動の中心は既存のネットワークです。長く続く独裁政権への反発を核に、宗教ネットワークなどが連携して運動をおこしました。報道規制も限定的でチュニジアのように唯一の情報発信手段が SNS というわけでもありません。しかもインターネットそのものが遮断された状態です。

それにもかかわらず twitter や Facebook が注目されたのは、ジャスミン革命の余韻が残っていたこと、また遮断される前に Facebook などでのデモの呼びかけがあった事実などが影響しています。

4.4 SNS は革命を起こせるか

SNS は革命を起こせるのでしょうか？

通信ネットワークは政府権力によって容易に遮断することができますし、監視することも比較的容易です。革命、特に権力者と物理的に対峙するような場合は確実に遮断されるといっていいでしょう。アラブの春が成功したのも現実社会のネットワークがしっかりしていたからです。労働組合や女性解放運動、宗教ネットワークなど容易には遮断できないネットワークが大きな運動につながりました。

SNS が果たした役割の 1 つは国外への情報発信です。Facebook や twitter、また YouTube などの米国のサービスはいまや世界的な情報プラットフォームになっています。それらが携帯電話と連携することで、誰でも気軽に動画やメッセージを「世界中に」発信することが可能になりました。SNS だけでは伝播力は低いかもしれません。SNS で発信された情報がマスコミ、特に国境を越えた放映が可能な衛星放送などの製作現場に届くことで、政府が遮断している事実を世界中に広めることが可能になります。

課題 6-3 SNS が社会変容に与える影響が大きいか少ないかについて、ジャスミン革命における SNS と衛星放送の関係をもとにまとめてください。

第6章　ソーシャルネットワークサービス（SNS）

【引用】
[1]　総務省　『情報通信白書（平成23年度版）』　2011年
[2]　GLOCOM　「地域SNS研究会」
　　　http://www.glocom.ac.jp/project/chiiki-sns/
[3]　折田明子　「ネット上のCGM利用における匿名性の構造と設計可能性」
　　　情報社会学会誌　Vol.4　No.1　2009年
[4]　折田明子・他　「オンライン・コミュニティにおける実名とハンドルの名乗り傾向：NIFTY-Serve心理学フォーラムの事例」情報処理学会EIP59研究報告　No.2　2013年
[5]　総務省　『情報通信白書（平成24年度版）』　2012年
[6]　WIRED「ネットで知り合って結婚は全体の1/3」2013年6月5日

【参考文献】
- 山内昌之　『中東新秩序の形成「アラブの春を超えて」』　NHKブックス　2012年
- 津田大介　『ウェブで政治を動かす！』　朝日新聞出版　2012年

第7章 スモールワールドとスケールフリーネットワーク

本章では SNS のつながりについて、スモールワールドやスケールフリーネットワークを解説します。

1 スモールワールド

1.1 6次のつながり

1967 年、社会心理学者のスタンレー・ミルグラムはある実験を行いました。それは「世間は狭い（スモールワールド）」という仮説を証明するための実験です。

私たちも初対面の人が意外な共通点・共通の友人を持っていて驚くことがあります。バイト先の知り合いが高校時代の友人の旦那だったとか、仕事で営業に来た人が中学校の後輩だったとか世間は狭いと実感させられることはたびたびあります。

ミルグラムは「世間は狭い」ということを証明するための実験として「手紙を届ける」という実験をしました。マサチューセッツ州シャロンに住む株式仲買人でボストンで働いていた人物に手紙を届けてほしい、ただし手紙を受け取った人は「ファーストネームで呼び合うような親しい友人にだけこの手紙を渡すこと」というルールが添えられていました。この手紙をボストンとネブラスカ州オハマに住む数百人を任意で選び、送り付けたのです。

この手紙、仲買人を知ることがないであろう人に手渡された手紙のほとんどは「6 人」が仲介しただけで届けられたのです。

たった 6 人のつながりだけで見ず知らずの人に手紙が届けられる。当時の社会学者の間で「スモールワールド問題」として世間の狭さが議論されていましたが、ミルグラムは社会学者の予想をはるかに上回る「狭さ」を証明しました。

あなたに友達が 100 人いたとします。そうするとその 100 人の友達には 100 人の友達、つまり「友達の友達」は 1 万人います。「友達の友達」の友達は 100 万人、「友達の友達の友達」の友達は 1 億人、「友達の友達の友達の友達」の友達は 100 億人です。5 ステップ行くだけで世界の人口より多い友達ができてしまいます。

第7章 スモールワールドとスケールフリーネットワーク

1.2 クラスターと弱い紐帯

　もちろん問題はそんなに単純ではなく、「友達の友達」は自分の直接の友達であることも多く、単純に100×100にはなりません。

　相互に友達関係である群を「クラスター」と呼びます。大学の友人、会社の同僚などは「友達の友達」が友達であることが多いでしょう。私たちは複数のクラスターを持っています。中学校の時の友達クラスター、高校の時の友達クラスター、大学の時のサークルのクラスター、大学の時のゼミのクラスター、会社の同僚のクラスター、学術学会や研究会などのクラスター、マラソンやサッカーなど趣味嗜好の友達クラスター、家族や親せきのクラスターなどです。

　一見関連のなさそうなクラスターは「弱い紐帯 (weak tie)」で結び付けられています。弱い紐帯とは社会学者のマーク・グラノヴェッターによって取り入れられた概念で、効果的な社会的協同は高密度に結合した強い紐帯からは生まれず、むしろ弱い紐帯によって引き起こされるというものです。1973年に発表された論文「The strength of weak ties（弱い紐帯の強さ）」というフレーズはあまりにも有名です。

　一見関係のなさそうなクラスターに所属する複数名が友達の友達……でつなぎあったときに思いがけないほど強い連携をみせ、社会共同に発展するというものです。あなたが持つ複数のクラスターは、まさに「あなた自身」によって結び付けられています。

1.3 あなたは米国大統領から何人目？

　実際、あなたがどれだけ狭い世間（スモールワールド）に住んでいるか、思考実験をしてみましょう。あなたは米国大統領から見て何人目の友人でしょうか？　たとえば、私の友人の友人が米国大統領の友人です。つまり私は米国大統領から見て友達の友達の友達＝3人目の友達にあたります。もし私の授業を受けていれば、あなたは大統領から見て4人目になるでしょう。私のような日本の端っこに住んでいるものですら友達を「3人」たどってしまえば米国大統領につながってしまいます。

1.4 ベーコン指数

　6次の隔たりをデータベース的に使って「遊び」にしたのがベーコン指数です。

　ベーコン指数とはケビン・ベーコンという米国のそれほど有名ではない俳優と共演関係の「つながり」、共演者の共演者の共演者……という形でどれだけ隔たりがあるかを調べるというゲームです。ベーコンが注目されたのは「ハリウッドの全員が自分の共演者かもしくは共演者の共演者だ」という発言をしたためです。

　米国のウィリアムアンドメアリー大学の映画同好会のメンバーがインターネットムービーデータベースを利用して作り上げました。

　ベーコンと共演した場合、ベーコン数「1」が与えられます。ベーコン数「1」の役者と共

演したらベーコン数「2」が与えられます。ベーコン数「1」の役者は1550人、「2」が121,661人、最も多い「3」が310,365人になります（**表7-1**、**図7-1**）。

実際「共演者の共演者の共演者」に8割近いハリウッド俳優が収まってしまいます。逆に「共演者の共演者の共演者」以上になると数字が減っています。ベーコンはすべてのハリウッド俳優・女優と「共演者の共演者」の関係であるというのは言い過ぎになりますが、ほとんどのハリウッド俳優・女優と「共演者の共演者の共演者」の関係であるといえます。

これはベーコンが特殊である、というわけではありません。映画俳優という狭い世界では誰もがほぼ同じステップ数で誰とでもつながれます。マリリンモンロー数でもよいしトムクルーズ数でも同様な結果になるでしょう。

同様に論文の共著関係なども少ないステップで多くの研究者をつなげることが可能であることがわかっています。

ベーコン数はGoogleで検索することも可能です。俳優・女優の名前の後ろに「bacon number」と入力して検索するとベーコン数が帰ってきます。

たとえばマリリンモンロー（Marilyn Monroe）で検索してみるとベーコン数「2」であることがわかります。マリリンモンローはジャックレモン（Jack Lemmon）と、お熱いのがお好き（Some Like It Hot）で共演しています。ジャックレモンはベーコンとJFKで共演しているので、マリリンモンローはベーコンの共演者の共演者になります。

オードリーヘップバーン（Audrey Hepburn）もベーコン数は「2」です。オードリーヘップバーンはロバートワーグナー（Robert Wagner）と おしゃれ泥棒2（Love Among Thieves）で共演しています。ワーグナーはベーコンとワイルドシングス（Wild Things）で共演しています。

表7-1 ベーコン数：スモールワールド・ネットワークの調査より[1]

ベーコン数	俳優の数	累積数
0	1	1
1	1,550	1,551
2	121,661	123,212
3	310,365	433,577
4	71,516	504,733
5	5,314	510,047
6	652	510,699
7	90	510,789
8	38	510,827
9	1	510,828
10	1	510,829

第7章 スモールワールドとスケールフリーネットワーク

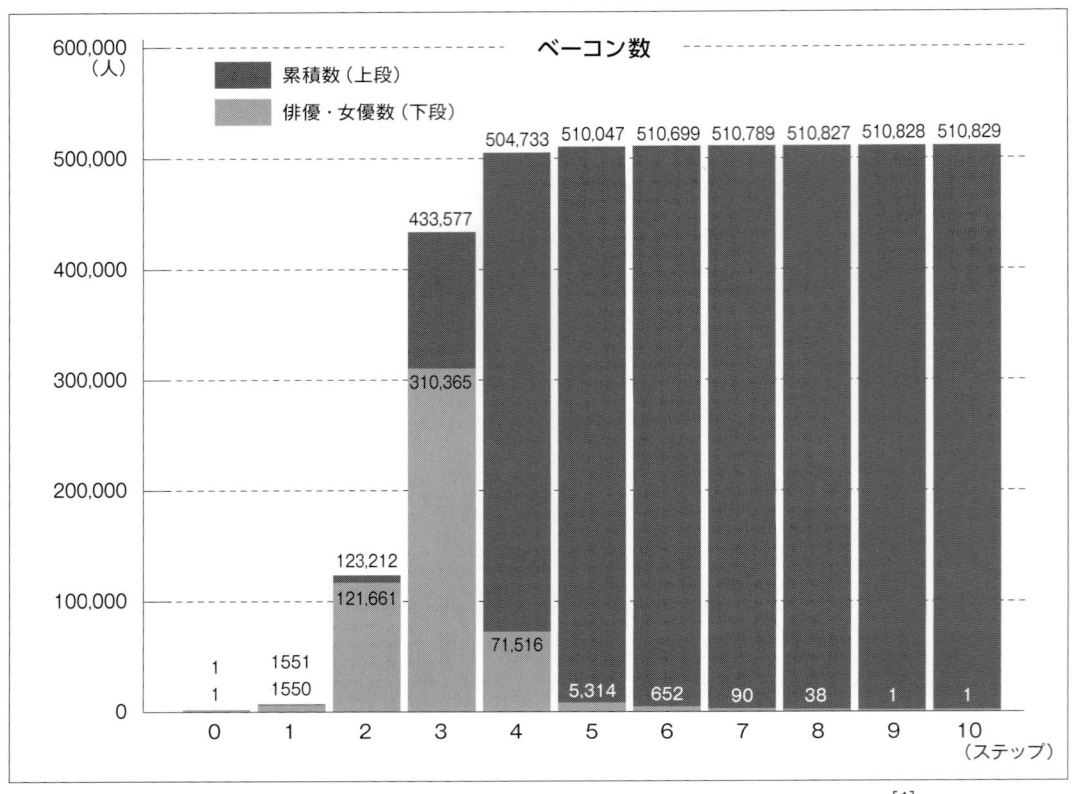

図7-1 ベーコン数のグラフ：スモールワールド・ネットワークの調査より[1]

1.5 チェーンメール

スモールワールドを証明するもう1つの現象としてチェーンメールがあります。

チェーンメールとは「このメールをN人に転送ください」と誘導するメールのことです。何人もの間で転送されるため、鎖＝チェーンといわれています。

電子メールが流行る前は不幸の手紙など、普通の葉書や封書でも同様のチェーンなものがありました。葉書や封書は紙代・作成コスト・配送コストなどが掛かります。それに比べて電子メールは簡単な操作で複製することが可能です。また電子メールは配送コストもほとんど掛かりませんから、N人への転送が葉書や封書に比べて格段に楽になります。

1.6 チェーンメール その1 佐賀銀行取り付け騒ぎ

日本ではチェーンメールが原因で銀行の取り付け騒ぎになってしまったこともあります。2003年起きた佐賀銀行の取り付け騒ぎです。

2003年12月25日、佐賀銀行や佐賀銀行のATMには長蛇の列ができました。原因は「佐賀銀行がつぶれる」という噂を信じた人たちです。

銀行員たちが声をからしながら「つぶれるというのはデマです」といっても誰一人帰ろうと

はしません。噂を信じていなかった人たちもその行列を見て「やっぱり本当だったのだ！」と思い、行列に加わってしまいました。ATM は現金不足になり「取扱い休止」に。ATM が取扱い休止になったことでさらに不安をあおり、ますます騒ぎが大きくなります。噂が噂をよび引き出された総額は 500 億円にも上りました。

　私の佐賀在住の友人は 2 時過ぎに「人づて」で噂をきいたそうです。その友人はすぐに 50 万円の全預金を職場近くの ATM 下ろしています。預金を下ろすと知人に「佐賀銀行がつぶれるらしいから預金を下ろすように」とメールを打ちました。夕方にはその ATM には大行列ができていていたということです。

　別の佐賀在住の友人は噂を信じた知人から職場宛に電話があったそうです。その人は自宅の妻に電話をし預金をすべておろさせました。妻は自分の友達や家族に電話をし、家族はさらにその友達に電話をし、その友達が……とデマが伝わりました。

　取り付け騒ぎのきっかけは 1 通のチェーンメールといわれています。ある女性（告訴され、後に不起訴処分）が送った「友人からの情報では、佐賀銀行がつぶれるそうです。明日中に全額おろすことをお薦めします」というメールを友人 20 数名に送りました。このメールがチェーンメール化し、不安にあおられた人々の間で転送されていきました。

　取り付け騒ぎは戦後の「豊川信金取り付け騒ぎ」が有名です。デマの伝播に関して詳細に研究がすすめられた事例です。豊川信金取り付け騒ぎでは、多くのネットワークを持つクリーニング屋夫妻が信金倒産のうわさを広めたとされています。戦後すぐの不安な社会背景も相まって騒ぎは大きくなりました。

　2003 年にもなれば戦後のような社会不安はありません。しかし佐賀では 2003 年 8 月に佐賀商工共済協同組合がアルゼンチン共和国債の対外債務支払い一時停止の影響で破綻しています。

　組合は預金保護法の対象外であったために組合員の積み立ては保障されていませんでした（現在は預金保険法が改正され共済も救済対象となっている）。佐賀県内では共済破たんの記憶があたらしく、預金が保護されている佐賀銀行でも「破たんしたら預金が帰ってこない」と誤解する人が出てしまいました。

　チェーンメール化した「倒産のうわさ」は佐賀の人たちの「つながり」のなかで拡大していきました。メールだけを見て佐賀銀行がつぶれることを信じる人は少なかったようです。しかし 2003 年 12 月 25 日になって銀行の前に行列ができるさまを目にすると、噂を信じる人がふえ、さらに行列が伸び、その長い行列を見てまた噂を信じる人が増え、電話や口コミでそれが拡大し、残高不足で ATM が取扱い休止になることで噂が確信となり、という負の連鎖が起きてしまいました。

　社会不安と連動したチェーンメールは広域災害の際にも確認されています。中越地震や東日本大震災でも複数のチェーンメールが発生しました。同様に殺人事件や強姦など社会不安を利用した扇動もあります。

第7章 スモールワールドとスケールフリーネットワーク

1.7 チェーンメール その2 テレビ番組や人助け語るいたずら

　チェーンメールで最も転送されたものの1つがテレビ番組を語るいたずらです。情報バラエティ番組を語り「○○チームと××チームで競争をしています。友達10人にこのメールを送ってください」や「知識番組で実験をしています。このメールを知人に転送してください」などとうたって送りつけてくるものです。

　具体的には

```
>>　○○○（番組名）がどこまで届くか実験中！
>>　9人に送って下さい。これは本物です。
>>　×××（タレント名）チームです。
>>　よろしくお願いします。署名をして、
>>　この文章をこのまま次ぎの友達に！
```

というような内容です。

　出回ってしまった理由としてはこの番組が人気番組であったこと、番組内で電子メールとバイク便でどちらが早く送れるかの実験をしたことがあること、文面がいかにもそのタレントらしい感じをかもしだしていたこと、番組でタレントがチームを組んで対抗戦などを行っており人気コーナーであったことなどがあげられます。

　さらにこのチェーンメールのいたずらは進化し

```
>>　タイトル：電子メールはどこまでひろがるか"
>>　×××系列で、日曜○時から放送中の○○○（番組名）です。
>>　1週間で電子メールはどこまでひろがるのかという企画がはじまりました。
>>　このメールをできるだけ多くの人たちにまわしてください。
>>　7月4日午前15時までにどこまで広がるか。
>>　このメールは、××（タレント名）チーム発信です。
>>　今回の企画は、7月20日放送予定です。
```

とさらに具体的になり、信ぴょう性があがったバージョンなども登場しています。

　取り付け騒ぎとは違い社会不安が背景にあるわけではありません。どちらかといえば人の善意を利用したいたずらといえるでしょう。

　他にも行方不明者の捜索や献血のお願いなど、善意を装ったいたずらもあります。悪質なものは日本赤十字を語り「輸血で必要なためB型Rhマイナスの人を探しています」という内容のものまでありました。

1.8 つながり・拡散

　ミルグラムが行った友達に転送をすることを繰り返すことで到着する手紙の実験、米国大統領と日本の一市民の間に友達が「2 人」しかいない狭い世間、何気なく送ったメールが取り付け騒ぎをおこしてしまうほどのネットワーク。どれも「つながり」を起点とするものです。

　このつながりがインターネット、特に SNS によってシステム的に「可視化」されます。SNS のつながりは、ほんの数ステップで世界中の多くの人とつながることが可能といえるでしょう。

　私は名も無き個人だから世界に影響を及ぼすことはできないと思っていても、ある日突然世界中から注目を浴び、影響を与えることになるかもしれません。

　たとえば「魔貫光殺法写真」がその例です。魔貫光殺法写真とは、真ん中の人が技を発しているように演技し、周りにいる人がその技で飛ばされているように「ジャンプ」をしてとる写真です。ドラゴンボールにでてくる必殺技「魔貫光殺法」をあたかもやっているように撮れるということで話題となりました。発端は女子高生たちのお遊び写真です。友達同士の遊びの写真をネットでアップしたところ、それが友達伝いでアメリカに伝わり、全米で「魔貫光殺法写真」ブームが起きました。米国でブームだということが日本に伝わり、日本のマスメディアでも取り上げられるようになっています。ジャスミン革命の青年の焼身自殺動画が中東で革命を起こしたことと構造は同じです。個人が発した小さい情報が人から人へ伝わり、やがて大きなムーブメントになりました。

　反面、チェーンメールのように「嘘」を拡大してしまう危険性もあります。いまだにチェーンメールやチェーンメールに近い形のいたずらは散見されます。怪しいメールなどを受け取ったら、まずは転送などをしないことが鉄則です。よくわからなければ日本データ通信協会などで確認しましょう。

> **課題 7-1** 日本国総理、国連事務総長、英国女王などからあなたは何ステップか考えてみましょう

2 スケールフリーネットワーク

2.1 スケールフリーネットワークとは

　スモールワールドと同じくネットワークを理解する概念が「スケールフリーネットワーク」です。スケールフリーネットワークとは「ノードの持つリンク数は、正規分布ではなく規模に

第7章 スモールワールドとスケールフリーネットワーク

比例したべき乗分布になる」というものです。

たとえるなら「友達の多い人はより友達を増やしやすい」、「お金持ちが100万円稼ぐことと貧乏な人が1000円稼ぐことが同質」、「人口の多い街には人が集まりやすい」と言い換えることもできます。スケール（規模）によって得られる結果も比例するというものです。

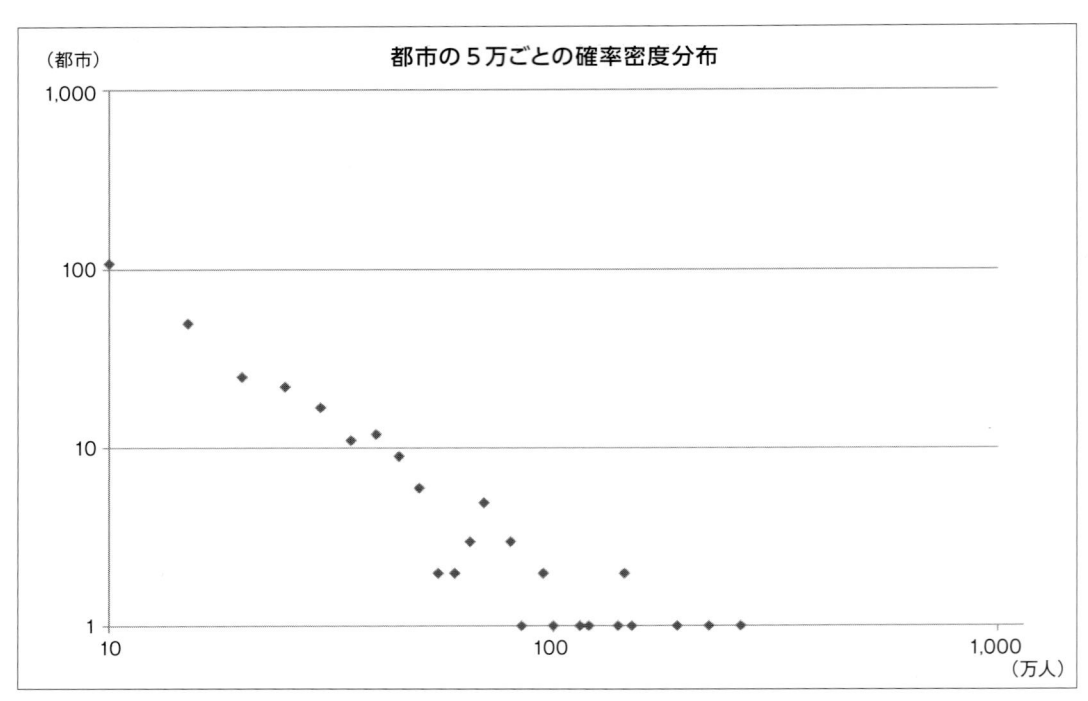

図 7-2　日本の都市（市と東京の特別区）のべきグラフ
人口数の対数（横軸）と都市の数の対数（縦軸）[2]

もしノードが持つリンク数、友達の増え方やお金の稼ぎ方や都市の人口の増え方が、ノードに対してランダム（正規分布）に増えるとしたら、友達の数はみなほぼ一定で、所得も一様になるでしょう。都市も東京と地方で同じような数になるはずです。しかし現実はそうではありません。友達の数は少ない人もいれば多い人もいる、所得もバラバラ、都市の規模も正規分布にはなっていません。

図 7-2 は日本の都市（市と東京の特別区）の人口数の対数（横軸）と都市の数の対数（縦軸）です。横浜市 368 万人、大阪市 260 万人、名古屋市 226 万人から北海道の 1 万人規模の市までがあります。正規分布のように中心となる数値があるわけではなく、両辺を対数にすると直線になります。べき乗分布とよばれるもので、所得や友達の数などにもみられる分布です。

べき乗分布は文章に出てくる単語の頻度や、デパートでの一人当たりの購買額などにもみられる分布です。それぞれジップ（Zipf）の法則、パレート（Pareto）の法則として、経験則的に使われています。

2.2 フラクタルとは

スケールフリーネットワークはフラクタル性を持っています。

同じような規模のものがくっつきあって「拡大しても縮小しても同じような構造がある」ということがフラクタル性です。

フラクタルはイギリスの気象学者ルイス・フライ・リチャードソン（Lewis Fry Richardson）の国境線の研究に端を発します。スペインとポルトガルの国境線は、スペインでは 987 km 、ポルトガルでは 1214 km としていました。リチャードソンは国境線の長さは用いる地図の縮尺によって変化することを発見し、縮尺と国境線の長さの対数が相関することを示しました。

これを一般化したのがフランスの数学者マンデルブロー（Mandelbrot）です。国境や海岸線などの自然界の線には拡大・縮小しても同じような形が続くものがあります。これを自己相似（self-similar）といいます。

たとえばある任意の長さの直線を 1 本引きます。その直線を 3 分割し、真ん中の 1 本を 2 本にして折り曲げます。曲げて長さが 4/3 になったら、再度それぞれの直線部分を 3 分割し真ん中の 1 本を 2 本にして折り曲げます。さらに再度それぞれの直線部分を 3 分割し真ん中の 1 本を 2 本にして折り曲げます。これを繰り返します。そうするとはじめはただの直線だったものが、雪の結晶のような形になっていきます（**図 7-3**）

これはスウェーデンの数学者のコッホ（Koch）が提唱したフラクタル図形で、コッホ曲線（Koch curve）といわれています。

この作業を無限に繰り返すと、どこを拡大しても永遠に図形が現れます。長さは最初の思考をとすると次は 4/3、また次に 4/3 ずつ長くなっていきますから、長さが無限大の形となっています。スペインとポルトガルの国境線はフラクタルでした。コッホ曲線でいえば、何回目の試行＝縮尺の長さが両国の発表していた国境の長さに影響したのです

フラクタルは様々な場所で見ることができます。コッホ曲線に近い形では雪の結晶などもフラクタル図形です。海岸線や砂丘の波紋、アマゾン川の形などもフラクタルになっています。

逆に人工物にはフラクタルになっているものはあまりありません。ビルの形や食器の形、筆記用具や自動車などはフラクタルではありません。

しかしネットワークのあり方が可視化されると、人工物であるインターネットのネットワーク構造や SNS での友達のネットワークの構造がフラクタルであることがわかりました。

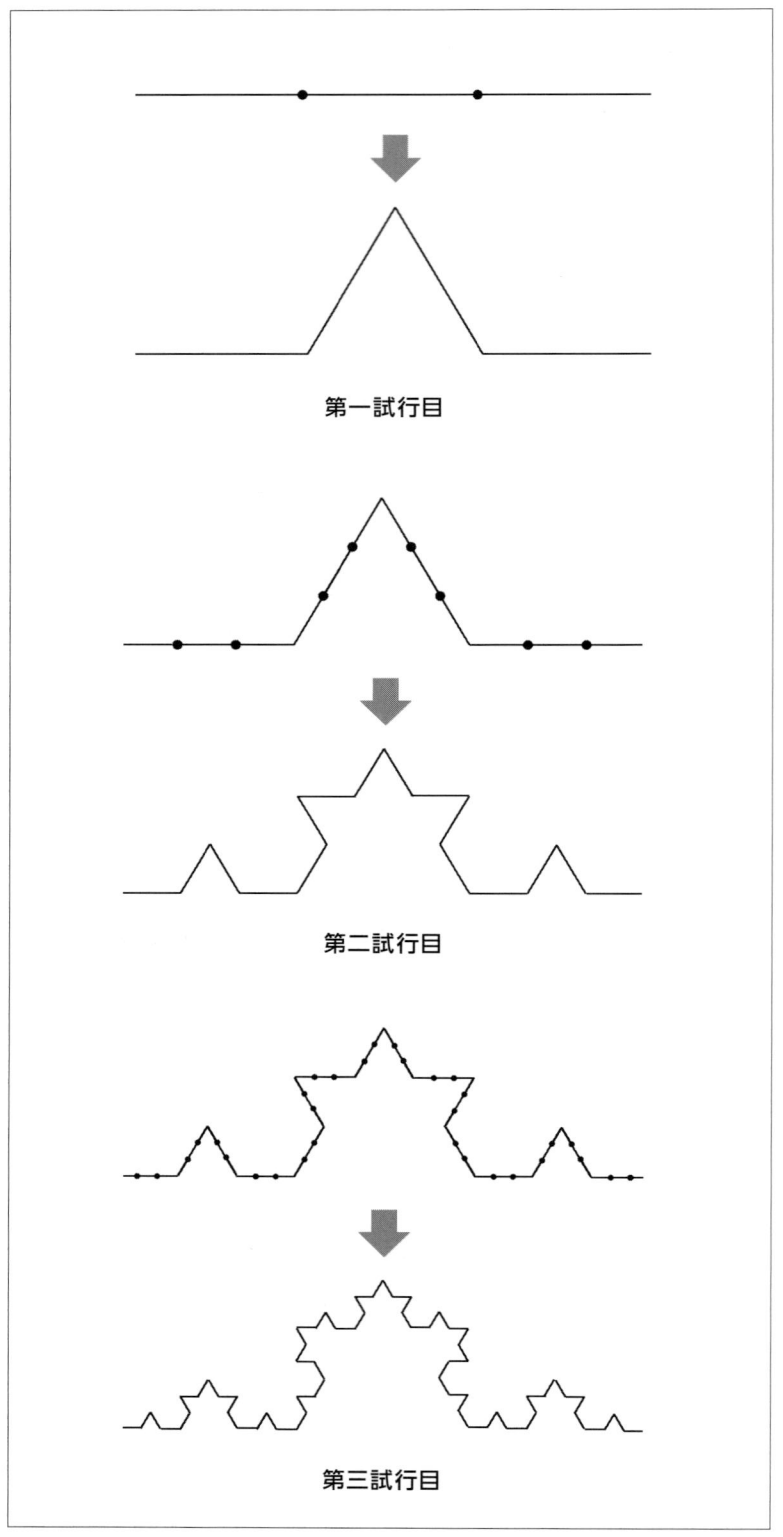

第7章 スモールワールドとスケールフリーネットワーク

第一試行目

第二試行目

第三試行目

図7-3　コッホ曲線

2.3 フラクタルとスケールフリー

　人工物であるインターネットのネットワーク構造やSNSでの友達のネットワークはなぜフラクタルになるのでしょう。

　それはスケールフリーのノードの持つリンク数は、正規分布ではなく規模に比例したべき乗分布になるという特長があるからです。

　友達の多い人＝社交的なひとの友達も同じく社交的な傾向となります。社交的な人同士は高い確率で出会います。出会う確率も高くそして友達にもなりやすい同志ですから、社交的な人同士で友達になっていきます。

　逆に友達の少ない人の友達も、友達の数が少ない傾向にあります。友達の少ない人は出会いの場に行くことも少ないですし、友達の少ない者同士がくっつくということも少ないでしょう。

　インターネットのネットワークも同様です。ネットワークを構築する際、新たなリンクを設けるには少ないリンクしか持たないノードよりも、多くのリンクを持つノードの方を選択する特性があるからです。これを優先的選択（Preferential Attachment）モデルといいます（**図7-4**）。

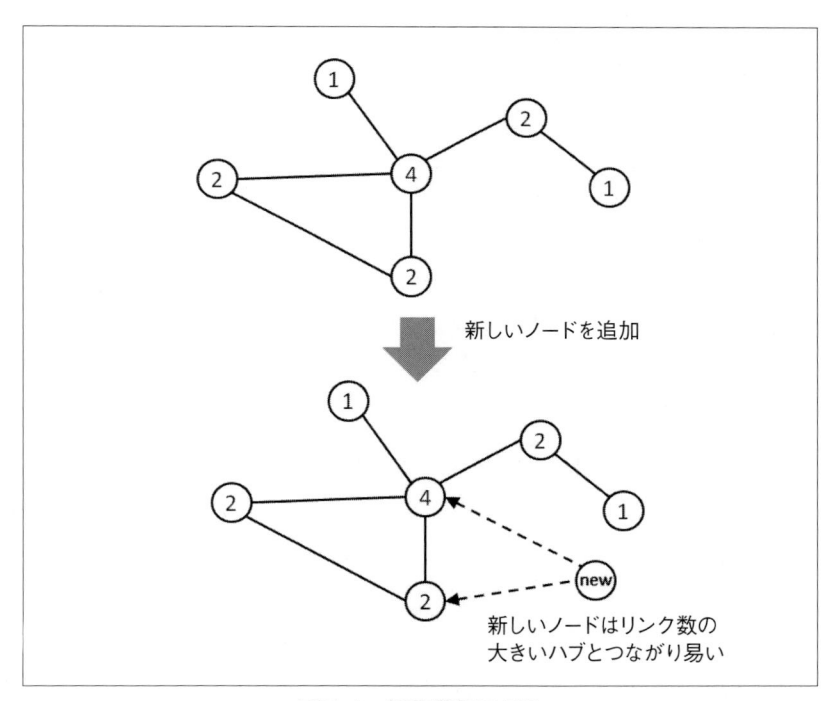

図7-4　優先選択モデル

　優先選択ではなく、友達やリンクを新たにつくるときに何の基準もなく自由に作ったとしましょう。このようなモデルはランダム選択モデル（Random Attachment）と呼ばれています（**図7-5**）。しかし、ランダムモデルではスケールフリーにはなりません。優先的選択によりフラクタルな構造ができ、スケールフリーのネットワークができ上がります。

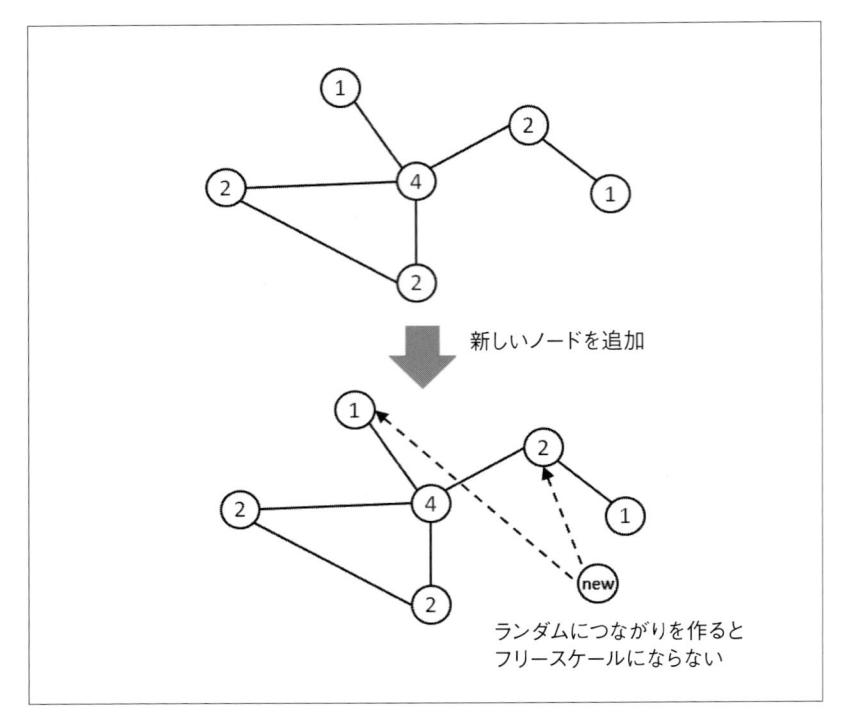

図7-5　ランダム選択モデル

2.4　ハブとショートカット

　ネットワークで多くのリンクを集めるノードのことを「ハブ」と呼びます。**図7-6** のような優先選択モデルでできたネットワークがあるとします。新しいノードはより大きいノードとリンクをしようとして発達します。その結果 A のようなネットワークの中心的なノード＝ハブができあがります。A だけではなく A と連携するリンク数 7 や 6 のノードもハブといえるでしょう。ネットワークはこのハブを介してほとんどのノードが結合しています。

　そしてハブとハブをショートカットでつなぐことで、さらに効率的なネットワークを作ることができます。このネットワークでは B から C までは 7 ステップあります。ネットワークでは、ステップ数が少ないほど親密なコミュニケーションが図れるとされています。より効率的なコミュニケーションをはかるには A と A の右上にある 7 のノードとの間にショートカットを作ります。そうすることで 5 ステップにまで短くすることができます。

　たとえば友達関係でいえば、B が日本人、C がケニア人とします。日本人の友達でケニアに友達がいる人というのはなかなかいないでしょう。しかしある時日本人 D とケニア人 E が友達になったとします。それまではケニア人の知り合いのフランス人、日本人の知り合いのアメリカ人を介してつながっていたものが、D と E が直接つながることで親密性がより増したといえます。

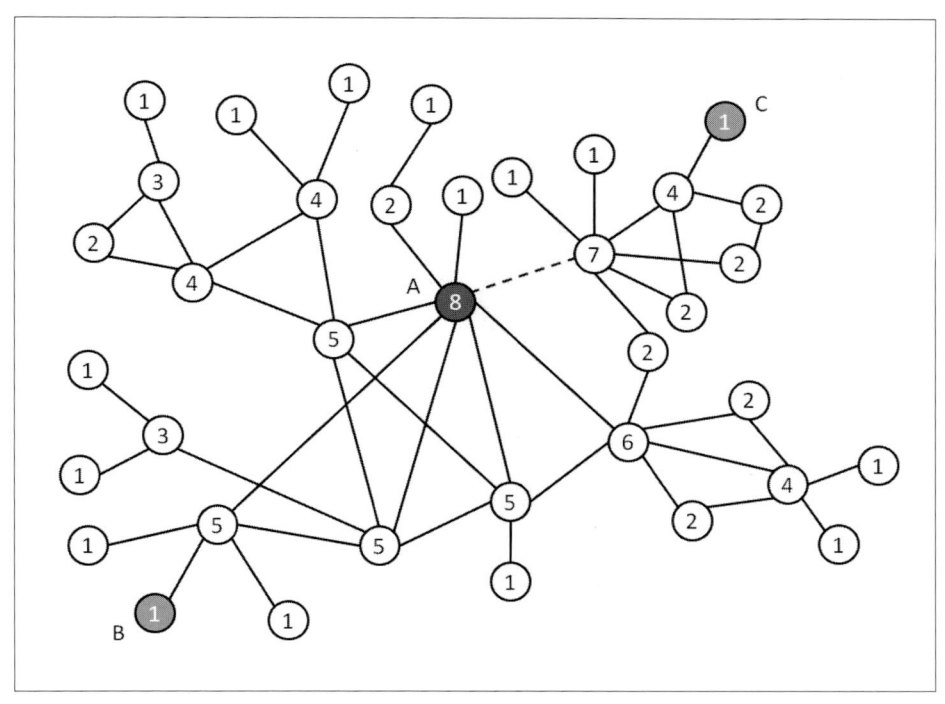

図7-6　ネットワークモデル

3　スモールワールドとスケールフリー

　SNSにより、私たちは多くの友達とコミュニケーションすることが可能になりました。そして狭い世間＝スモールワールドを実感させてくれることも多くなりました。

　スモールワールドは優先的選択モデルで作り上げられたスケールフリーのネットワークで構成されています。多くのリンクを持つノードがより多くのリンクを集め、ハブになることで小さいノード同士も効率的につながることが可能になりました。またノード同士がショートカットでつながることで、ステップ数を少なくし、より親密なコミュニケーションを図ることが可能になっています。

　世間の狭さにより、何気ない情報発信があっという間に世界中に広がるようになりました。ジャスミン革命を引き起こした焼身自殺道はチュニジアの一人の青年によってSNSにアップロードされた動画です。それが数ステップ向こうにいる世界中の人の目に留まり、衛星放送経由でチュニジア国内の人にも知られました。私たち個人の何気ない情報発信が世の中を大きく変える可能性を示したといえるでしょう。

第7章　スモールワールドとスケールフリーネットワーク

【引用】
[1]　The Oracle of Bacon
　　　http://oracleofbacon.org/
[2]　統計局データ　「人口推移」　http://www.stat.go.jp/data/jinsui/

【参考文献】
- ダンカン・ワッツ（著），辻竜平（翻訳），友知政樹（翻訳）
『スモールワールド・ネットワーク ―世界を知るための新科学的思考法』
阪急コミュニケーションズ　2004 年
- アルバート・ラズロ・バラバシ（著），青木薫（翻訳）
『新ネットワーク思考 ―世界のしくみを読み解く』　NHK 出版　2002 年
- 高安秀樹　『フラクタル』　朝倉書店　1986 年

第8章 ブログ (blog)

本章ではネットコミュニケーションの代表的なプラットフォームであるブログ (blog) について、その成り立ちなどや社会的役割などを解説します。

1 ブログとは

ブログ (blog) とは weblog の略称で、インターネット上の記録、という意味です。新聞などでは「日記風 Web サイト」などと訳されることもあります。ブログの定義は「時系列で新しい記事が一番上に来るように表示される機能を持つ Web サイト」です。

1.1 デイブ・ワイナーからの提唱

ブログの始まりは 1996 年 2 月、米国の IT カルチャーの情報誌「WIRED」の寄稿編集者であるデイブ・ワイナー（Dave Winer）が米国通信品位法に対抗して立ち上げた「24 時間デモクラシー（24 Hours of Democracy：http://www.scripting.com/twentyFour/）」という企画であるとされています。

1996 年に米国電気通信法が改正され、電気通信やインターネットなどでわいせつなどの低俗な表現を禁じられました。もともと CATV 番組では規制をされていたものがインターネット等にも拡大されたものです。

ワイナーは 24 時間デモクラシーで法改正に対抗しようとしました。ワイナーは 24 時間デモクラシーにおいて自分の考えを新しいものから順番に並べるという方式を取りました。それまでインターネット上で自分の考えを発表するときには、新しい記事は別のページを 1 枚つくり、他のページと同じ階層に同列に置かれるというものでした（**図 8-1**）。必要であればいくつかの階層に分かれて管理されることもあります。

第8章　ブログ（blog）

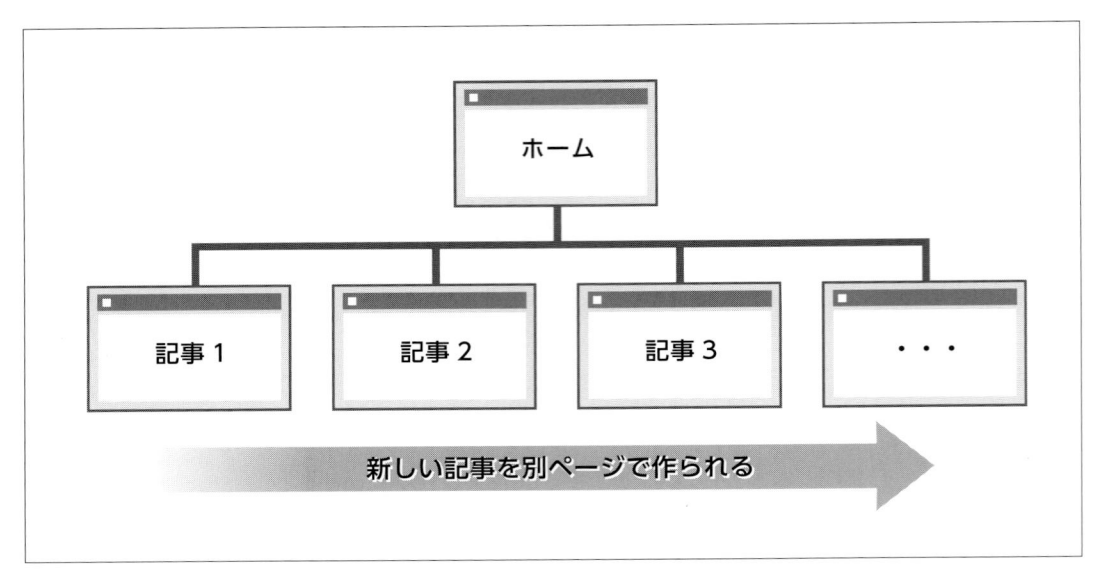

図 8-1　それまでのネットでの情報発信の概念

　ワイナーは1つ1つの考えを別のページにするのではなく、1つのページに、新しいものが一番上に来るように表示しました。まさに今のブログの形式です（**図 8-2**）。

　24時間デモクラシーは反響を呼びました。米国通信品位法に対しては違憲訴訟が起こされ、1997年6月に最高裁判所で違憲判決が出ています。

　ワイナーが実践した自分の考えを新しいものから順番に並べるというアイディアそのものも多くの支持を集めました。1997年にはジョン・バーガー（Jorn Barger）がWebサイトの閲覧記録（log）をweblogと命名しました。ワイナーのアイディアとあいまって自分の考えなどを時系列順で表示するシステムのことをweblog、それが省略されてblog（ブログ）と呼ばれるようになりました。

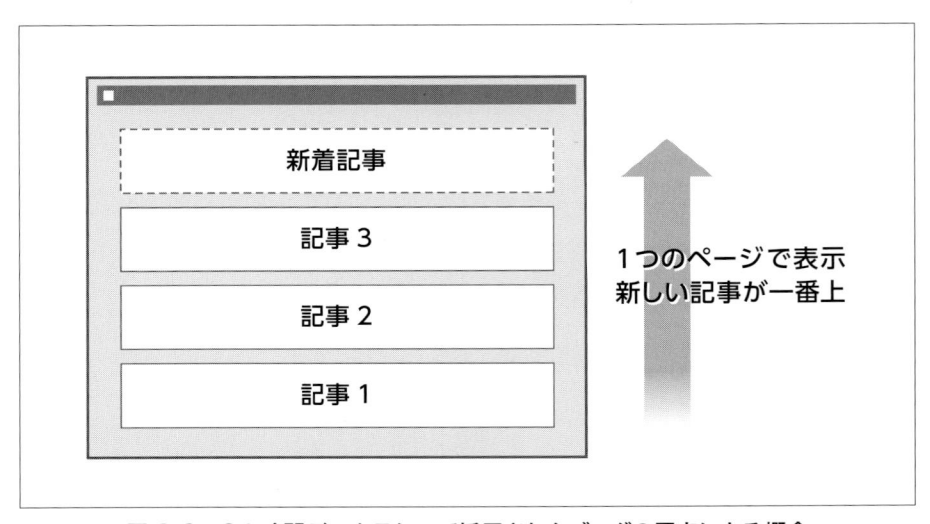

図 8-2　24時間デモクラシーで採用されたブログの原点になる概念

2 CMS と ASP

2.1 CMS とは

　ブログ的な「1つのページ内で、時系列で新しい記事が一番上にくる」というアイディアを技術的に支えたのが CMS（Content Management System）の ASP（Application Service Provider）です。

　CMS とはテキストや写真などを自動的に HTML 化してくれるサービスです。コンテンツ管理システムと訳されることもあります。

　CMS ではテキストや写真などのデータを専用のフォームで入力します。テキストや写真は CMS 内で管理されます。ある一定の時間もしくは管理者が指定すると、CMS はテキストや写真を組み合わせて自動的に HTML 化してくれます。

　フォームでデータを入力するだけではなく、指定したアドレスにメールで送る方法や、スマートフォンアプリの機能でスマートフォンの写真アルバムから直接送る方法などもあります。

　それまでの Web サイトは自分で文章を書いた上で、文章の前後に <body> や <center> などの HTML のタグをつける必要がありました。さらに文字を修飾したい場合 <b> や <i> などのタグをつける必要があります。

　文章だけではなく写真を表示したいときはさらに複雑です。写真データを適当な大きさに加工したうえで、保存するフォルダをあらかじめ指定しておく必要があります。たとえば a というフォルダに HTML 文章をアップしたとします。そうすると画像を a/img/ というフォルダにいれるということをあらかじめ決めておく必要があります。保存する場所が決まったら、その場所を指定して指定して <img src="img/photo.jpg" width="150" height="150" alt="photo"> というように画像の場所と横幅、縦幅、画像の名前を指定する必要があります。さらにハイパーリンクをつけるとなると複雑です。リンク先の URL を確定させた後 <a href="http://www.aaa.com/bbb/">テキスト</a> というようなリンクをつける必要があります。

　これら作業を1度だけやるのであれば時間をかけて作ればいいのですが、なかなかそういうわけにはいきません。

　たとえばニュースサイトの様に分単位で新しい記事が作成されるようなサイトでは記事の数が膨大になります。1つ1つの記事の HTML を書くことは時間的に不可能です。また記事の横に広告を表示させる必要もあります。大量に作られる記事の1つ1つに違う広告を掲載し、掲載期間がおわったらそれを外すという作業はとても追いつくものではありません。

　さらに記事を作った際に同じカテゴリーの記事のリンクを記事の下に張ることがあります。たとえば、野球の記事だとするとほかの試合のリンクなどが必要になります。

　これを1つ1つやっていてはとても時間が足りません。また間違いも多くなるでしょう。こ

れをすべて自動的にやってくれる仕組みが CMS です。テキストを打つ、写真を撮るという基本的なことだけができれば誰でもいつでも簡単に Web サイトを更新できます。

　登録されたテキストや写真は CMS によって自動的に組み合わされ、事前に設計されたデザインにしたがって HTML 化されます。いちいちイメージタグをつけたりリンクタグをつけたりする必要はありません。また写真もあらかじめ指定しておけば自動的にタグがはられ、記事内に表示されます。広告もシステムに登録しておけば指定期間に指定した場所に表示してくれます。

　CMS は今や当り前に利用されるようになりました。ブログだけではなく新聞社の速報サイト、官公庁や企業のサイトなどでも広く利用されています。

2.2　ASP とは

　ASP とはネットワーク上で CMS などをサービスすることです。CMS にはパソコンに CMS をインストールしてパソコン上で操作するクライアント型もあります。しかし多くの方が利用しているのは ASP 型のサービスです。

　ASP では CMS の設定や管理は提供側が一切を行います。ユーザー側はブラウザーを開いてテキストや写真を入力するだけで CMS を利用することが可能です。

　CMS の ASP が始まるまで、インターネット上で情報を発信するためには専門的な知識が必要でした。たとえば電子掲示板を開設したいとなると、まずは電子掲示板を運営するためのサーバーを設置しなければなりません。回線契約やサーバー機の購入などが必要です。サーバー機の管理には UNIX の知識も必要となります。そのサーバー機に電子掲示板を運営するシステムをインストールします。インストールにはプログラミングの知識が必要となります。さらに掲示板のデザインや機能の詳細を決めるためには HTML の知識が必要となります。これらを専門的に扱い、なおかつ社会批評などに関して造詣が深いとなるとやれる人はほんの一握りです。

　また初期投資・維持費用なども個人が払える値段では収まりません。初期費用としてサーバー機の購入費用、回線の契約費用、OS やプログラムの購入費用などが掛かります。また運用費用としても回線契約代や運用工数などもかかってきます。ちょっとした電子掲示板を運用するだけでも月額数百万円、年間で 1 億円近いお金がかかっているという話は珍しい話ではありません。

　これらの知識的なハードルと費用的なハードルを下げてくれるのが ASP です。CMS のサーバー運用やシステムメンテナンス・ライセンス管理を代行し、回線費用や運用工数を請け負ってくれます。提供側が自社のサーバーなどで CMS を運用し、提供側と契約した個人に対してインターネット経由でその一部を利用させるサービスが ASP です。個人が払える金額（0 円〜数千円）を支払えば誰でも利用が可能になります。

　利用の仕方は簡単です。ASP を利用したいと思ったらブラウザーを開き、ブラウザー上で利用者登録をすれば終了です。その後はブラウザーを開いて ID とパスワードを入力するだけで CMS を利用することが出来ます。

　CMS・ASP の例はブログをはじめ、SNS なども含まれます。ミニブログに分類される

twitter や SNS の mixi や Facebook も CMS・ASP の 1 つです。

2.3 CMS の ASP サービスの普及

　CMS の ASP が普及する先駆けとなったのは米国で提供されたトライポッド (Tripod) です。トライポッドは誰でも簡単に Web サイトを作れるサービスです。CMS の ASP により専門的な知識がなくても写真サイトや掲示板などをすぐに作れるサービスとなっていました。1996 年頃には 3000 人／日の規模でユーザーが増えていました。トライポッドの成功をうけてジオシティーズ（geocities）や AOL（America Online）も ASP を開始。1999 年には米国だけで数百万のユーザーが利用するまでになりました。

　ワイナーのような時系列で並べられた Web サイト＝ブログという形で提供されたのが米国のパイララボ（Pyra Labs）社がリリースした「blogger」です。パイララボ社はエヴァン・ウィリアムズ（Evan Williams）と、その友人であるメグ・ホーリハン（Meg Hourihan）によって作られた会社です。ブログの有益性に注目し、CMS をブログ＝記事を更新すると時系列で最も新しいものが一番上に表示される仕組みとして ASP で提供しました。

　ちなみにブログを自分の情報発信のメインとしている人をブロガー (blogger) といいますが、パイララボ社の blogger が語源となっています。

　パイララボが提供した blogger はシンプルかつ使いやすいのが特長です。コメント欄もなければデザインを選ぶ手間もありません。単純に思いついたままのことをテキストとしてブラウザー上で入力するだけで Web サイトとして公開されるという画期的なものでした。2000 年にはそれぞれの記事への固定リンクが作られるようになり、固定リンクをたどれば過去記事を容易に参照できるようになります。毎月数万の規模でユーザーが増えていきました。

　パイララボ社は 2003 年に Google に買収され、blogger は現在でも Google のサービスの 1 つとして運営されています。

　エヴァン・ウィリアムズは Google を退社、2007 年にはブログ的な発想で 1 記事を 140 文字に制限した「twitter」を創業しています。

　日本でも、ブログが登場する前にも CMS の ASP はいくつかありました。さるさる日記やはてなダイアリーのようにテキストを打ち込むだけでウェブ日記がつくれるサービスもありました。楽天のように楽天広場というアフィリエイト用のサービスもありました。後にはてなダイアリーは「はてなダイアリーはブログである」としました。楽天は楽天ブログと改称し現在に至ります。

課題 8-1 あなたがいつも閲覧しているブログをあげ、どのようなところが良いか、どのようなところが悪いか考えてみましょう。

第8章 ブログ（blog）

3 米国同時多発テロとブログ

3.1 米国同時多発テロとは

　ブログが最もその社会的価値を見出されたのが、2001年9月11日に起きた米国同時多発テロのときです。

　2001年9月11日、イスラム過激派（とされています）の青年達は米国のニューヨーク空港やボストン空港を発した4機の旅客機を乗っ取りました。

　そのうち2機、アメリカン航空11便とユナイテッド航空175便を乗っ取ったテロリストはニューヨークに向かいました。標的はニューヨークにある世界貿易センターでした。テロリストはアメリカン航空11便で現地時間の朝8時46分に北棟に、ユナイテッド航空175便で9時3分に南棟に突入し、旅客機は爆発炎上しました。旅客機の突入と爆発・炎上の影響で9時59分に南棟が10時28分に北棟が崩壊しました。

　アメリカン航空77便を乗っ取ったテロリストはワシントンDCに向かいました。標的は米国国防省（通称：ペンタゴン）でした。同日9時38分にペンタゴンに突入し、旅客機は爆発炎上しました。

　最後の1機、ユナイテッド航空93便を乗っ取ったテロリストが向かった先は不明です。テロリストはニューヨークで起きた事件を携帯電話で知った乗客に反撃にあいました。乗客の反撃にあい、テロ続行が不可能になったテロリストは旅客機を急降下させました。機体はペンシルベニア州、ピッツバーグ郊外に墜落しました。乗客たちが反撃の際に発した「Are you guys ready? Let's roll.（野郎ども準備はいいか？反撃だ！）」はその後のテロ掃討作戦での合言葉にもなりました。

　このテロで2000名近くの人命が失われました。事件に対して犯行声明はいまだに出ていません。誰が何の目的で行ったかというのは謎のままです。

　テロ後には米国では保守主義が台頭し、ネオコン（Neo-conservatism：新保守主義）といわれました。報復戦争に反対する声は少なくなり、その後2つの戦争を引き起こしました。2001年10月から起こったアフガニスタンに対する米国の侵攻、2003年3月から起こったイラク戦争です。

　唯一の超大国であった米国の力を見せつけたこの2つの戦争は、正規軍対正規軍という戦争に終止符を打ちました。その代わり、戦争は正規軍対テロ組織の「非対称戦争」の時代となりました。

　また、イラク戦争の大義に対しては様々な疑問がつきました。唯一の超大国としての米国の威信は失墜しました。米国を支持していた政権もつぎつぎと交代。スペインのアスナール政権やイギリスのブレア政権が倒れました。ブッシュ大統領率いる共和党も2008年の大統領選挙でオバマ氏率いる民主党に敗北を喫しています。

3.2 米国同時多発テロとブログ

　米国同時多発テロは政治・経済など様々な影響を及ぼしました。インターネットも影響を受けたものの1つです。特にブログは米国同時多発テロをきっかけに米国社会に認知されたといってもいいでしょう。

　米国同時多発テロによってそれまでの概念は大きく崩れました。東欧革命からソ連崩壊による冷戦の終結。湾岸戦争の完全勝利。唯一の超大国となった米国は世界から尊敬され愛される国であったはずです。しかし米国人が想像することすらできなかった「むき出しの憎悪」がそこにありました。

　なぜ自分たちが攻撃の対象になるのか。それを知りたくても情報がまったく手に入りません。犯行声明が出なかったために犯人が誰かわかりません。そのため動機や犯人像は推測を重ねたものになりました。ニューヨーク市内はテロの影響で停電となり、テレビや新聞などが新しい情報を出すこともできませんでした。愛国心一色となったテレビや新聞からは期待したような情報を得ることはできませんでした。また同時多発で起きたため、いつ自分が標的になるかもしれないという不安も起こりました。

　この混乱や不安を抑えるために使われたのがブログでした。ブログが選ばれた理由は個人でも簡単に情報が発信できるためです。マスメディアから正確な情報を得ることができない、またマスメディアの情報を信じることができない、そのような状況において「個人」が発する情報に信頼されました。「口コミ」がその役割を果たします。ブログはネットを通じて個人と個人の間で情報をやりとりする「口コミ」のプラットフォームとして利用されました。

　ニューヨーク在住の人がニューヨークの状況を発信する。著名人が取材した情報を発信する。またそのような情報ではなく自分の不安など、心の中を吐露する。多くの人が意見や感想を自分のブログに投稿しました。ブログを通じてお互いの不安を共有し、励ましあったのです。

3.3 社会メディアとしてのブログへ

　テロからイラク戦争に至る過程で、ブログはマスコミに匹敵するメディアとして認識されるようになりました。イラク戦争において最前線にいる兵士がブログで心境を発することもありました。逆に攻め込まれる立場であるバグダッド市民のブログも注目を浴びました。

　バグダッド市民のブログとされているのはラエドはどこ？（Where is Raed ?）というブログです。ラエドは隣の通りに爆弾が落ちて死傷者がでたこと、この戦争に正義がないことなどを発信しました。ラエドはイラクにいてインターネットを検閲なく使え、しかも英語で発信できるということから一般市民ではないのは明らかです。それでもなお、愛国心一色の米国マスメディアからは得ることのできない現地の名前の声を伝えることが可能だったのです。

　ブログの力を決定づけたのが「ラザーゲート事件」です。

　ラザーゲート事件とは2004年9月、マスコミの代表格であるテレビが行った「ねつ造報道」

第8章 ブログ (blog)

を新興メディアであるブログが暴き、メインキャスターであったラザー氏が辞職に追い込まれたという事件です。

2001年10月7日から始まった対テロ戦争（アフガニスタン侵攻）はその年の2001年12月5日のボン合意をもって終結しました。2003年3月19日に起こったイラク戦争は5月1日にブッシュ大統領の大規模戦闘の終結宣言をもって戦闘行為が終わりました。

この圧倒的な勝利の中、CBSテレビの報道番組「60ミニッツ」がブッシュ大統領の軍歴に対する疑惑を報じました。60ミニッツは米国の有名アンカーマン（錨をおろす人＝その日の締めの報道をする人という意味）であるダン・ラザーがキャスターを務めています。ラザーはイラク戦争開戦直前にイラクのフセイン大統領に単独インタビューをしたこともある有名なジャーナリストです。

2004年9月9日に60ミニッツは「ブッシュ大統領がベトナム徴兵を逃れるために父親のコネでテキサス州軍に入隊した」、「入隊したテキサス州軍でも兵役義務も十分果たさなかった」と報じました。勝利の余韻さめやらぬなか、捕虜虐待などのスキャンダルも浮上しブッシュ大統領の唱える正義に疑問が呈されているときです。この軍歴詐称のスキャンダルはブッシュ大統領の致命傷になる可能性がありました。

疑惑を立証する資料として1枚のメモが提示されました。メモはブッシュ大統領が州兵時代だったときの上官が書いたものされていて、上層部から圧力があったことが書かれていました。これが本当であればとんでもないスキャンダルです。報道は大反響を呼び、ブッシュ大統領を糾弾する動きが起こりました。

しかしこのスキャンダルは意外な決着を見せます。証拠として提示されたメモが「偽物」だったのです。偽物であることを暴いたのがブロガーたちでした。ブロガーたちはメモを徹底的に検証しました。検証の結果、Microsoft OfficeのWordで使われているフォントで書かれていること、また上付き文字など、当時のワープロソフトでは使われていない機能まで使われていることが明らかになりました。ブロガーたちは検証の結果、メモは最近になって作られた「偽物」であると断定しました。

CBSの社内調査でも公正を欠いた報道であったことが明らかになり番組は打ち切りに、ラザーも契約を更新されず事実上の更迭となってしまいました。

ラザー氏が大統領辞任まで追い込んだウォーターゲート事件をもじって、この事件はラザーゲート事件と呼ばれています。ブログの力がテレビの力を上回った瞬間、とされています。

課題 8-2 米国のブログの普及を米国同時多発テロをキーワードに、マスコミとの関係性を触れたうえでまとめてください。

4 日本におけるブログの普及

4.1 日本のブログブームのきっかけ・ココログのリリース

米国での盛り上がりが日本に上陸したのが 2003 年 12 月です。2003 年 12 月 8 日、ISP 大手のニフティがブログサービス「ココログ」を ASP としてリリースしました。これを受けて 2004 年にかけて大手インターネット企業が ASP 型のブログをリリースしていきました。

日本ではそれまでいくつかのブログ ASP が提供されていましたが、どれも規模が小さく、社会的インパクトはありませんでした。米国のブログブームはネットに詳しい人間の間では周知の事実で、ブログ的なサービスの必要性が訴えられている最中でした。そんな中、パソコン通信の時代から「濃い」ユーザーを抱える大手 ISP であるニフティからのブログのリリースはインパクトがありました。

4.2 常時接続と 2 ちゃんねる・ブログ

2003 年〜 2004 年は 2001 年の Yahoo!BB のリリースをきっかけとして常時接続料金の値下げがあり、常時高速接続が普及している時期です。ダイヤルアップのように時間を気にして最小限の情報受信・発信をするという文化から、時間を気にせずだらだらと楽しむ文化に移りつつありました。

この潮流に乗ったサービスの1つが掲示板サービス「2ちゃんねる」です。2ちゃんねるはログを残さない匿名性を売りにしたスレッドフロー型掲示板群のサービスです（**図 8-3**）。

2ちゃんねるは 1999 年 5 月 30 日に西村博之氏によりリリースされ、たくさんのボランティアに支えられ発展しました。アスキーアートやネットジャーゴンなど、ネットにおいて多くの文化を生み出しています。また匿名性を武器とした内部告発や権力批判、タブーとされている社会的弱者への批判など、それまでのマスメディアではできなかった新しい言論空間を生み出しました。

その一方、よい意見も悪い意見も同等に扱われ、書き込み頻度が高い掲示板ではすぐにフローしてしまうためによい意見を書く気が起きなくなるという、スレッドフロー型掲示板がもともとシステム的に持つ短所があります。スレッドフロー型掲示板は、書いた内容は時間とともに陳腐化するため、あまり考えず直感的に即座に書き込む必要があり、議論には向いていません。2ちゃんねるは多くのネット文化を生んだ一方、上質な議論ができないという批判もありました。

よい意見をじっくりと書いてより多くの人に読んでもらいたいという2ちゃんねるでは実現が難しいこの願望をかなえるツールの1つがブログでした。

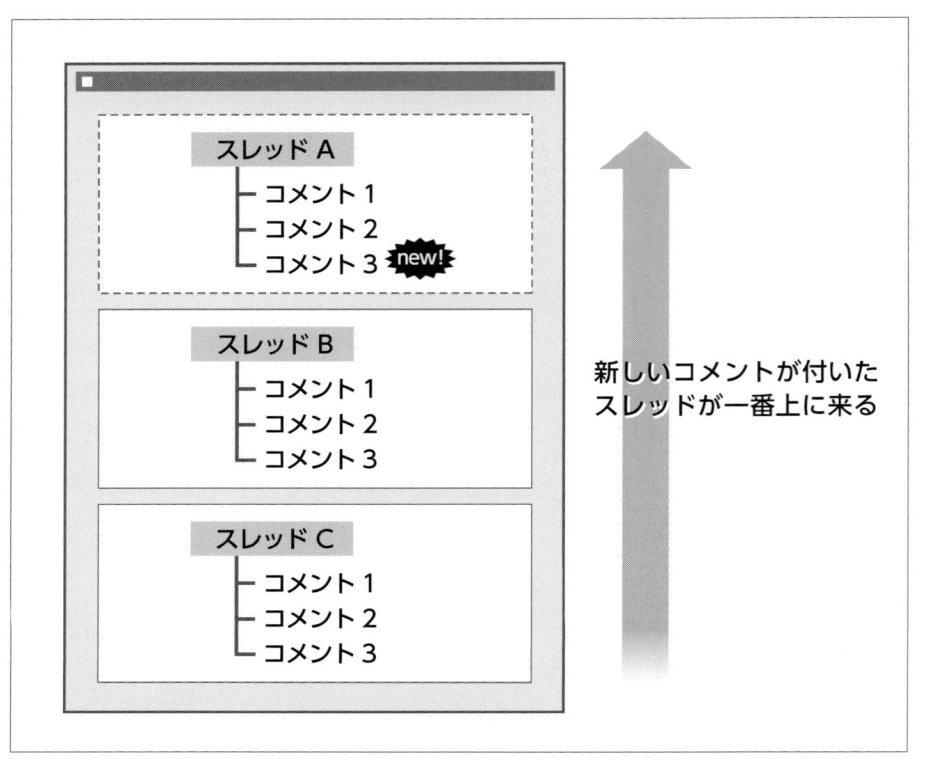

図 8-3　スレッドフロー型掲示板の概念

4.3　2ちゃんねるの特長

　スレッドフロー型掲示板とブログとの大きな違いは、スレッドフロー型掲示板は発信された情報がスレッド単位で蓄積し時間経過とともにフローする仕組みであるのに対して、ブログでは発信された情報が比較的フローせず、発信した人の単位で蓄積（ストック）していきます。

　スレッドフロー型掲示板ではスレッドにコメントをつける形になっています。コメントはスレッドごとにまとめられています。またコメントにハンドルをつけることで個人に紐づいた発言であることを確認することは可能になりますが、コメントはスレッドの前後での会話になっており、個人ごとでまとめても一貫した意味を見出すことができません。

　コメントそのものに重みづけはされません。新しいコメントが付くとスレッドの一番下に表示されます。2ちゃんねるでは1スレッドあたり1000個のコメントをつけることができ、最新の50個のみが初期設定では表示されるようになっています。

　そのためスレッドフロー型掲示板はシステム的にコメントの重みづけをすることができません。また古いコメントは表示されなくなってしまうため、その瞬間に思ったことを素早く何度も書き込む人が目立つような仕組みです。

　2ちゃんねるは自分の意見を発信するプラットフォームというよりは、スレッド上で「みんなでワイワイ」と盛り上がるためのプラットフォームといえるでしょう。じっくり考えて長い

文書を書いてお互い意見交換をするというよりは、とにかく盛り上がって楽しく過ごすために最適なシステム構成です。

　２ちゃんねるからはアスキーアートやネットジャーゴンなどの多くのネット文化が生まれました。また権威をくじくことを祝祭的に行うこともしばしばおこります。フジテレビが27時間テレビで「湘南海岸をきれいにしよう」という企画をたてたところ、フジテレビが掃除をする前にみんなで集まって綺麗にしちゃえといって海岸をゴミ一つ落ちてないように掃除してしまったこともあります。

　しかしその一方で誹謗中傷などの温床にもなってしまいました。ワイワイ盛り上がるためには最適なのですが、その延長線上で何らかしらの揚げ足取りも盛り上がってしまいます。またスレッドのフローが速いために、じっくりと腰を落ち着けた議論をすることが出来ません。せっかく書いた良文が他の駄文の中に埋没してしまい、価値を見出されなくなるというのは２ちゃんねる的なスレッドフロー型掲示板ではよくあることです。

4.4　ブログの特長

　２ちゃんねる的な言論空間のアンチテーゼとして登場したのがブログです。

　ブログは前述のように新しい記事が一番上に表示される仕組みです。基本的に1人で更新して記事単位でコメントをもらうなどします。

　ブログは書いた記事はブログ単位で蓄積されます。そのためじっくり考えて自分の考えを発信することができます。記事が賞賛されればブログにファンがつくこともあります。ブログ単位でファンが付くことで以降更新する記事も自然と注目度がアップし、社会的影響も大きくなります。

　２ちゃんねるがみんなでワイワイと盛り上がるシステムだとしたら、ブログは個人がスターダムに上り詰めるためのシステムだといえるでしょう。

4.5　ココログ登場のインパクト

　日本で2000年代前半から常時接続が普及し、時間を気にせずインターネットを利用できるようになるとインターネット上の言論文化も大きく変わりました。２ちゃんねる的なみんなでワイワイやる文化もある一定の支持を受けましたが、２ちゃんねる的な猥雑さを嫌う層はブログ的な言論空間の必要性を訴えていました。

　しかしブログ的なサービスはなかなかリリースされませんでした。理由はシンプルで採算が見込めないためです。ホームページやメールなどは回線接続サービスの「おまけ」として位置づけられていました。ISP各社が安定したホームページやメールを提供することで回線の囲い込みを図ったためです。しかし常時接続、特にYahoo!BBの驚異的な格安戦略はISP各社の収益を圧迫しました。この段階でブログを無料で「おまけ」としてサービスするには高度な経営判断が必要です。いくつかの小さい会社が広告モデルとしてブログをリリースしていましたが

第8章 ブログ (blog)

インパクトはあまりありませんでした。

　ブログがインターネットサービスのコモディティサービス(汎用サービス)であると認識されたのがニフティからブログサービス「ココログ」がリリースされてからです。ニフティはパソコン通信時代からのネットサービスの老舗です。しかしパソコン通信からインターネットへの切り替えに遅れた上に、ADSLではYahoo!BBに先行されるなど、時代の流れに取り残されていました。パソコン通信も過疎化が進み、2006年3月での終了が決定。ネットの言論空間は2ちゃんねるへと移っているときでした。

　ニフティがパソコン通信の次のサービスとしてリリースしたのがココログです。ニフティはパソコン通信から引き継がれた「ネット上で長文を書いてお互い議論する」ということを長年経験してきたユーザーを多く抱えています。パソコン通信の衰退後、自分の情報発信の場をさがしていたニフティのユーザーはブログサービス開始を歓迎し、多くのネット言論の達人がブログを開始しました。

　当時はまだISPのトップシェアであったニフティのブログ参入は社会に大きなインパクトを与えました。BIGLOBEやOCNなど大手ISPやYahoo!やサイバーエージェントなどのネット企業もブログに参入しました。2004年にリリースが相次いだため、2004年はブログ元年ともいわれています。

4.6　ブログの女王

　2004年にネット関連会社から相次いでブログサービスがリリースされました。

　しかしブログという言葉が一般には認知されておらず社会全般にみれば「オタクのツール」として見られていたといえるでしょう。この「オタクのツール」を一般人が使うツールとしたのが、後に「ブログの女王」といわれたタレントの眞鍋かをりさんです。

　眞鍋かをりさんはブログを開始する前に自分のホームページを運営するなど、ネットには理解のある方でした。ブログを始めると持ち前の文章力と表現力で人気が爆発。2004年7月12日にアップした「なりきりTommy february[2]」という記事では自身のめがね姿を公開。トラックバックが1000を超えるなど、ネット上で大きな話題となりました。

　当時日本で一番トラックバック数が多かったタレントの小倉優子さんを抜いたことから「トラックバックの女王」と呼ばれるようになりました。トラックバック数だけではなく記事内容の面白さも評価され、いつしか「ブログの女王」と呼ばれるようになりました。

　眞鍋さんがテレビなどに出演する際には、「ブログの女王、眞鍋かをりさんです」と紹介されるようになります。ブログの存在を知らない一般の人たちにもブログの名前が浸透し、眞鍋さんの名前で検索してでてくるブログの魅力にとりつかれました。

　その後、サイバーエージェントが有名人・芸能人を核としたブログサービスを展開。今や芸能人にとってブログは必須アイテムとなりました。

　米テクノラティ (Technorati) 社の調査によると、2006年第4四半期におけるブログ投稿

数の言語別割合は、日本語37％、英語36％、中国語8％でした。英語や、人口最多の中国語よりも多いという「ブログ大国」となったのです[3]。

4.7 ミニブログ（twitter）の登場

　ブログをさらに簡易にしたものがミニブログ（twitter）です。ブログは長い文章を公開するには最適ですが、一般人はなかなか長い文章を書く時間もなければ、書く才能も有りません。またよほど立派なことを書かない限り注目されることもないでしょう。

　その欠点を補ったのがミニブログです。文字数を制限(twitterの場合140文字)したうえで、フォロー・被フォローの関係で手軽の多くの人に自分の書き込みを見てもらえるようになりました。

　より簡単に情報を発信できるツールとして多くの人に受け入れられています。芸能人や政治家でもブログとミニブログを並行して使う、またはどちらかを使う人が増えています。

4.8 ヒーロー・ヒロインと炎上トラブル

　ブログがコモディティ化して多くの人が利用し始めると、ブログを通じて多くのヒーロー・ヒロインが生まれました。レシピブログで人気がでてレシピ本を出版した人、日常の絵日記で人気がでて絵日記本を出版した人、妻の鬼嫁ぶりをつづってテレビドラマにまでなった人などがいます。

　またタレントでも中川翔子さんのようにほとんど無名だったのにも関わらず、ブログの内容が評価されトップアイドルに上り詰めた方もいます。

　ブログが書いた人単位でブログに蓄積（ストック）されるために、よい文章・感動させる記事をアップすればその評価はその人に紐づきます。掲示板のようにフラットな世界では起こりえなかったことです。

　一方、不適切な情報発信をした場合、批判もその人に向かうことになります。いわゆる炎上と言われるトラブルです。

　ヒーロー・ヒロインになる人が出る一方、ブログなどで評判を落とし内定取り消しや退学、もしくは懲戒解雇などに追い込まれた方も登場するようになってしまいました。またブログが原因でトラブルとなり逮捕される人もでてしまうこともありました（炎上トラブルは第13章にて詳細）。

> **課題 8-3**
> あなた自身がブログやミニブログで体験した良いこと・悪いことを上げてみましょう。また席の前後の人とお互いどんなことが良かったか、悪かったかを話し合ってみましょう。

第8章 ブログ (blog)

5 まとめ

　フローではなくストックするためのサービスとしてブログは提唱されました。しかし、ストックする力があるがゆえに、一度トラブルになると個人に批判が集中してしまうという欠点もあります。

　それでもなお、ブログ上で有益な情報を発信すれば多くの人に評価され、スターダムに上り詰めることができます。

　またtwitterのようなミニブログの普及で「安易」な情報発信も増えています。炎上トラブルも増えており、慎重な利用が必要です。

【引用】
[1]　ココログの泉
　　　http://www.cocolog-nifty.com/cocologpartner/izumi/
[2]　眞鍋かをり　「眞鍋かをりのココだけの話」
　　　http://manabekawori.cocolog-nifty.com/blog/2004/07/tommy_february6.html
[3]　Technorati The State of the Live Web, April 2007
　　　http://www.sifry.com/alerts/archives/000493.html

【参考文献】
- 小林弘人　『新世紀メディア論 - 新聞・雑誌が死ぬ前に』　バジリコ　2009年
- 荻上チキ　『ウェブ炎上―ネット群集の暴走と可能性』　ちくま新書　2007年

第 9 章 ストックとフロー

本章ではインターネットにおける情報発信のストックとフローの概念について解説します。

1 ストックとフロー

ストックとフローはもともと経済学の用語です。お金の出入りや貯蓄のバランスを考えるための言葉として使われています。インターネットの世界でもストックとフローという言葉を使います。

1.1 経済学用語としてのストックとフロー

毎日のお金の出し入れを考えてみましょう。朝、お財布に 2,000 円入っていました。足りないのでおこずかいを 5,000 円もらいました。お昼ごはんに 800 円を使い、夜は飲み会で 4,000 円使いました。5,000 円が入り 4,800 円が出たというのがフローです。お財布の中身が 2,000 円から 2,200 円となったといういのがストックになります（**図 9-1**）。

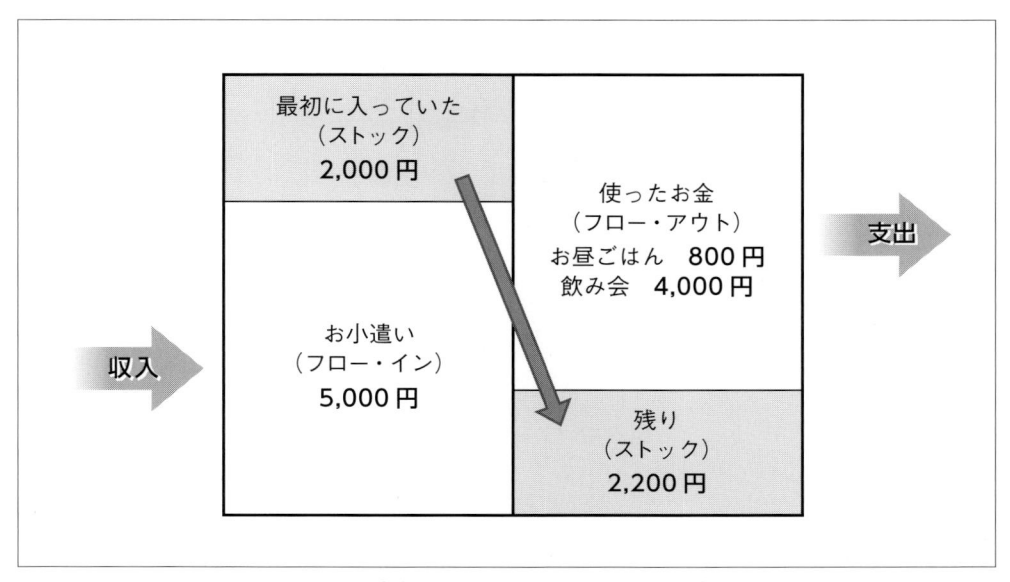

図 9-1　経済学におけるストックとフローの考え方

第9章 ストックとフロー

これは経済学において収入と支出＝流通の概念だけではなく、資本・資金・負債ふくめて蓄積がどれだけあるかという数値も重要であるという観点を表しています。

ストックとフローがバランスよくなっていることが重要とされています。どちらが多すぎても少なすぎてもいけません。

ストックだけがやたらと多くてフローしていなければ、経済が回っていないことを表します。ストックがやたらと少なくてフローが多ければ、自転車操業で不安定な経済状態であることをあらわします。

1.2 インターネットにおけるストックとフローとは

インターネットの世界でも経済学とは少し概念が違いますが、ストックとフローという言葉を利用します。

たとえば常に変化するような Web サイトはフロー型サイト・もしくは動的サイトと呼ばれています。掲示板のように新しいコメントが付くと古いコメントが初期表示から押し出される形で見えなくなるサイトです。

フローではページを閲覧するたびに新しい情報が書き込まれ常に情報が変わります。閲覧するたびに新しい情報が追加されているため定期的にアクセスする人が増えます。コミュニティサイトはフローのサービスがほとんどです。コミュニティサイトだけではなくてニュースサイトや twitter などのミニブログもフローのサービスです。

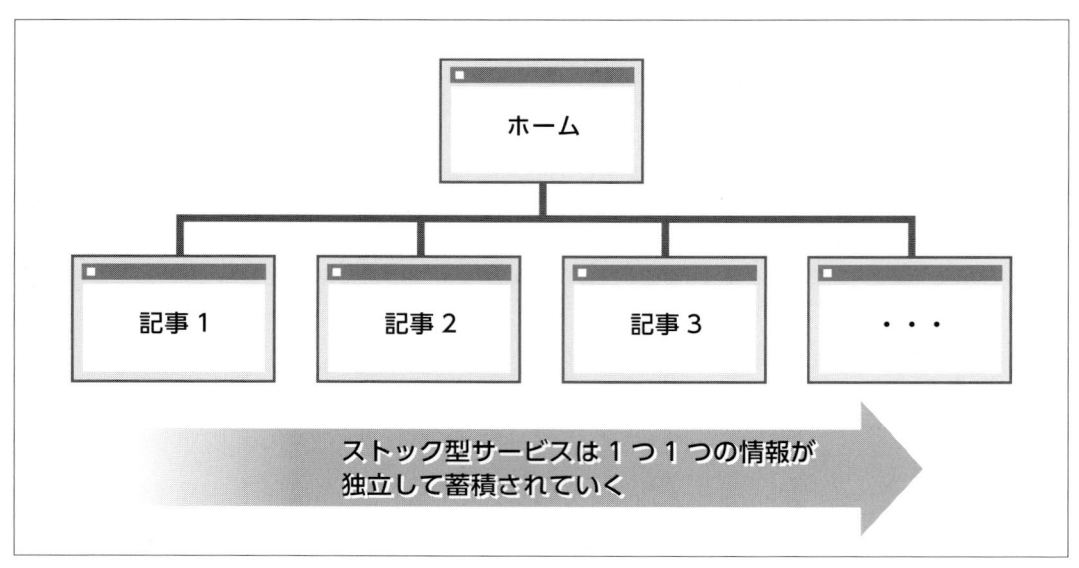

図 9-2　ストック型サービス

あまり変化しない Web サイトはストック型サイト・もしくは静的サイトとよばれています（図 9-2）。会社案内などいわゆる「ホームページ」と呼ばれる Web サイトのようなものはストックです。ストックではページを閲覧しても毎回同じ情報が表示されます。何度閲覧しても

情報がかわらないので閲覧数はふえませんが、重要な情報を置いておくのに適しています。会社案内などのほかに掲示板やtwitterのやりとりをWikiなど利用して編集して発信する「まとめサイト」などもストックのサービスです。

1.3 パソコン通信のストックとフロー

　ストックとフローの概念は比較的新しいもので、常時接続環境が普及し始めた2000年代前半あたりから出てきた言葉です。2000年代の前半に情報をどう蓄積＝ストックしていくか、情報をどう流す＝フローさせていくかということが議論から生まれてきました。

　パソコン通信からはじまったオンライン上のサービスは「フロー」しかありませんでした。パソコン通信はシステムがすべて掲示板形式のサービスでした。会議室・掲示板など、多くの人が1つのサービスに対してコメントを残していくという形式のサービスです。

　フロー型サービスは常に新鮮な情報が手に入ります。アクセスするたびに違う情報が表示されるのでアクセスするのが楽しくなります。定期的にアクセスする人が増えるため、フロー型サービスはアクセス数が増えます。パソコン通信は通信時間に比例して課金が発生したので、運営側は利益を増やすためにアクセスを増やす必要がありました。運営側（シスオペとよばれた会議室ごとの管理人含む）は一生懸命掲示板を更新し、常に新しい情報を発信することでアクセス数を稼ぎ、利益を増やしていました。

　しかしフローするサービスにも弱点があります。重要な情報、価値のあるコメントも他のコメントと同じようにフローしてしまいます。重要な情報・価値のある情報が意図しているよりも早く陳腐化してしまい、サービス全体の価値を下げてしまう弊害があります。

　またフローして過去の議論が見づらくなること、会議室・掲示板内で同じような議論が繰り返されたり、同じような質問が出されて会議室・掲示板の活性化をそいでしまったりする弊害もあります。

　このような無駄なやり取りをなくすために様々な工夫がこらされました。会議室・掲示板の最初に「FAQ」という記事を上げるのもその一例です。

　たとえば「この掲示板は社会学についての掲示板です。社会学についての一般的な質問は＊＊＊＊で扱っています。」というような内容を書き込んでおきます。定期的に繰り返されるような議論や、初心者がついやってしまう典型的な質問は誘導された「＊＊＊＊」をみればわかるようになっています。

　そして管理人のみが書き込める会議室・掲示板を「＊＊＊＊」として別途作成し、典型的なやり取りなどをまとめておきます。最初にこの掲示板を訪れた人は誘導先のやり取りを見ることで、無駄なやり取りをすることなく掲示板コミュニティに入っていくことができます。

　またこれらのサービスにはデータライブラリ（データの保存倉庫的なサービス）がありました。掲示板は1000記事以上登録できない、もしくは1000を超えると過去のデータから順番に消えてしまいます。よい議論・貴重な意見などを保存するためにデータライブラリは活用さ

第9章 ストックとフロー

れました。もちろん掲示板全データを保存しているところもあります。

このように、パソコン通信のころはフローの中にストックを作りコントロールしていました。

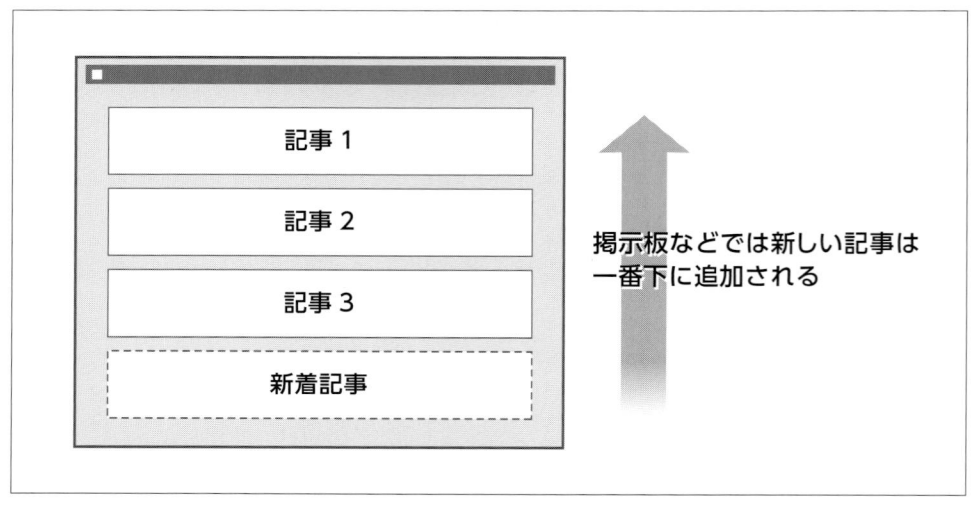

図9-3　フロー型サービス

1.4　インターネット初期のストックとフロー

インターネットが登場・普及し、パソコン通信からインターネットへとオンラインサービスが移った後でもオンライン上のサービスはフロー型サービスが主でした。

当時のオンライン上のコミュニケーションは「news(ニュース)」というサービスがありました。根本的な仕組みは違いますが、いまの電子掲示板などと同じようなサービスです。newsは新しくコメントが付けば古いコメントは陳腐化してしまい、顧みられることはありません。しかもnewsはパソコン通信と違い管理人がいませんでした。人気のあるスレッドは多くの書き込みがあり、どんどんフローしていきます。人気のないスレッドはフローの速度も遅いので人気がますます出ず、人気のありすぎるスレッドはフローが速すぎて人気が落ちていきました。newsは初期の一部の人が使っているだけで、メジャーなサービスになることはできませんでした。

「インターネット初期の情報発信はフローだけだった」といっても過言ではありません。大きく変わったのがwwwの登場です。

1.5　wwwとストック

wwwの登場はフロー型サービスだけだったインターネットの世界にストック型サービスをもたらした画期的な変化でした。

wwwでは個人や団体でWebサイトを持つことができます。自らHTMLでページを作成し、FTPによりアップロードすることによりインターネット上で情報を発信することができるよう

になりました。HTMLのページはタグを自ら打ちながら文章とタグを組み合わせてページを作る必要があります。HTMLで作ったページをインターネット上で公開するにはFTPを利用してアップロードする必要があります。HTMLの知識やFTPの概念の理解、FTPの設定にまつわる知識も必要です。

　また一度作ったHTMLのページを改変するのは大変な手間がかかります。たとえばページの名前をリネームしようとするとしてもページの名前を変えるだけではすみません。まずはFTPを使ってそのページにリンクを張ってあるすべてのページをダウンロードします。テキストエディタなどを利用してダウンロードしたページを該当のリンクタグを新しいページの名前にリネームします。リネームができたらブラウザなどでちゃんとリンクが変えられているかを確認します。確認が終わったらFTPを利用して該当ページの名前をリネームします。リネーム後、いったんダウンロードしリンクを張り替えたページをそれぞれFTPでアップロードします。アップロードが終わったら該当ページおよびリンクを張ってあるページをそれぞれ確認して、リネームとリンクの張替えが正しく行われたかを確認し、終了です。解説するだけでも辟易としてしまいます。

　この手続きを簡略化するための仕組み＝CMSが普及するまでWebサイトで情報を発信するというのは大変手間のかかるものでした。Webサイトでは一度作成したらしばらくは更新しなくてもよい情報、自分の経歴や過去の研究成果、会社概要や採用情報などが発信されていました。初期のwwwはストック型サービスに向いていたといえるでしょう。

1.6　スレッドフロー型掲示板「あめぞう」の登場

　wwwにパソコン通信のようなフローのサービスをもたらしたのが電子掲示板（BBS: Bulletin Board System）です。

　掲示板はパソコン通信の掲示板と同じようなサービスです。指定されたフォームにテキストや画像を投稿することで自動的にHTMLタグが組み合わされウェブページとして公開されます。

　掲示板はCGI（Common Gateway Interface）によって作られています。CGIはブラウザ上でプログラムを利用できる仕組みです。CGIは掲示板だけではなく、アクセスカウンターやチャット・アンケートフォームなどにも利用されています。

　掲示板のなかでもっとも流行ったのがスレッドフロー型掲示板です。スレッドフロー型掲示板の草分けは「あめぞう」で、「あめぞう」と名乗る個人によって運営される掲示板群でした。あめぞうでは1998年9月にスレッドフロー型掲示板がリリースされました。

　それまでの掲示板は新しいスレッドが一番上に表示される仕組みでした。そのためスレッドがたてられるたびに古いスレッドは下に表示され陳腐化してしまいます。またスレッドが盛り上がると記事そのものが長くなってしまい見づらくなってしまいます。

　スレッドフロー型掲示板はその弱点を克服するものでした。もっとも特長的な点はコメント

第9章　ストックとフロー

のついたスレッドが一番上に表示されるという点です。それまでのスレッドがたてられた順番に表示されていたものではなく、盛り上がっているスレッドが確率的に上位に表示されるという仕組みです（**図 9-4**）。

　上位に表示されているスレッドをみれば旬な話題にたどりつけるため、あめぞうは非常に盛り上がりました。

　しかし盛り上がりすぎてサーバーの負荷が大きくなったこと、アングラ情報が多すぎて誹謗中傷などの対応に工数が避けなかったことなどからあめぞうは1999年12月に閉鎖されました。

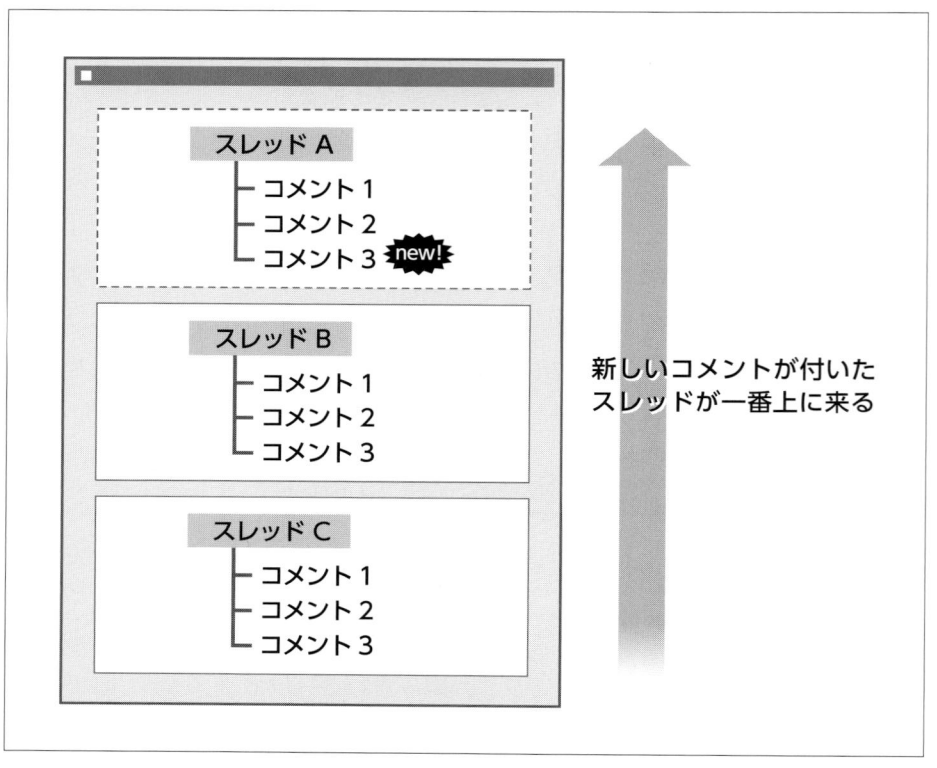

図 9-4　フロー型サービス

> **課題 9-1**　自分が使っているインターネットのサービスをストックであるかフローであるかを基準にして分類してみましょう。

2　2ちゃんねるとまとめサイト

2.1　スレッドフロー型掲示板　2ちゃんねるの登場

　あめぞうの仕組みをそのまま採用したのが「2ちゃんねる」です。2ちゃんねるは西村博之氏によって運営が開始された掲示板群です。2ちゃんねるは1999年5月にリリースされました。

　2ちゃんねるはスレッドフロー型掲示板の特性を生かし、多くの支持を集めました。ネット独自の言葉であるネットジャーゴンを多く生み出したり、文字を組み合わせて絵のようにみせるアスキーアートを多く生み出したりしました。

　パソコン通信のころからネットのお約束的なやり取りとして使われてきていた「氏ね」、「お前もな」（注：死ねという言葉がつかえないために氏を利用した）」というやりとりがあります。相手が気に入らないことをいったときの罵倒とその返しとして長く使われていました。

　2ちゃんねるでは返しの「お前もな」を使う際にアスキーアートで返すという文化ができました。キャラクターとして定着し「モナー」という名前をつけられています（**図9-5**）。

　モナーはその後様々な改変を加えられました。モナーが大量に登場するバージョンもあります。中国人風・アメリカ人風・韓国人風などのバリエーションもできました。モナーだけではなく暴言を吐くとき専用の「ギコ猫」、まったり系キャラの「おにぎり」や「しぃちゃん」など多くのキャラクターが2ちゃんねるから生まれました。また「吉野家コピペ」や「ぬるぽ」「がっ」など、ネット上のお約束を数多く生み出しました。

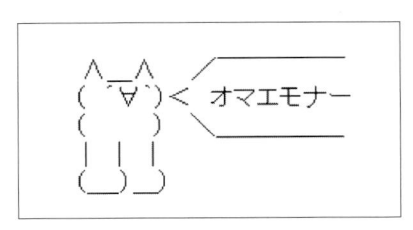

```
 ∧_∧
( ´∀`)＜ オマエモナー
(　　 )
| | |
(__)_)
```

図9-5　モナーのアスキーアート

2.2　電車男その1　ストックとフロー

　2ちゃんねるから生み出された文化の1つが「電車男」です。電車男はストックとフローがうまく組み合わさってできた物語です。

　電車男は電車の中で酔っ払いに絡まれた女性を助けたところから始まるラブストーリーです。秋葉原をうろうろするいわゆる「オタク」の青年＝電車男が、電車の中で酔っ払いに絡まれた女性を助けました。その女性からエルメスのカップをお礼としてもらう、というところまではありがちな話です。電車男が展開をみせたのは、「カップのお礼をどうしたらいいかというのを2ちゃんねる上で相談した」というところからです。

第9章　ストックとフロー

　たとえば電車男はその女性と初めて会うときの相談では、髪の毛をどうしたらいいかという相談をしています。２ちゃんねる上で多くの人のアドバイスがあり、推薦された美容室で髪を切っています。また服装やプレゼントなど行動のほとんどを２ちゃんねるのアドバイス通りにしています。電車男はアドバイスが効き、最終的には女性との恋が成就した、とされています。

　電車男の話が本当かどうかという確証情報はありません。やらせ説や作家による書き込みであるという説もあります。たとえそうだとしても電車男はネットのストックとフローの中で生まれた１つの文化といえるでしょう。

　電車男のやりとりは２ちゃんねる上で行われていました。彼はその時々のアドバイスをフローの中から得ていました。電車男が何かアドバイスを求めればフローの中で新鮮なアドバイスをもらえます。その都度の行動に対するアドバイスですから、フローしていくスレッドフロー型掲示板は最適であったといえます。デートの約束と取り付けた際にどこでご飯をたべていいかわからずに書き込んだ「めしどこか　たのむ」は有名なフレーズの１つです。掲示板上では多くのレストランが候補に挙がり、その中から電車男が選んでデートの場所にしています。

　しかし２ちゃんねる上のやり取りそのものは時間の経過とともにフローしてしまい、しばらくすると閲覧できなくなってしまいます。また嫌がらせや誹謗中傷などもまじっています。玉石混交のやり取りといえるでしょう。フローそのものを後からやってきた人たちが客観的に楽しむことは難しいです。

　電車男を２ちゃんねるの中の出来事ではなく、社会的な出来事として有名にしたのは「まとめサイト」の影響といえるでしょう。別のいい方をすれば、電車男が注目をあつめ本になりテレビドラマになり映画になったのは、フローではなくストックにあるともいえます。

2.3　電車男その２　まとめサイトの力

　電車男を「物語」として楽しめたのはまとめサイトの影響です。まとめサイトとは２ちゃんねるなどのフローの中にある面白いやり取りなどを編集しWikiやブログなどを使って発信するサイトのことです。

　電車男では「電車男」というまとめサイトが登場しました。「男達が後ろから撃たれるスレ　衛生兵を呼べ」というキャッチフレーズで２ちゃんねる上のやり取りが軽妙に編集され、発信されました。

　まとめサイトでは２チャンネル上の誹謗中傷などを排除し、電車男を中心としたネット上のやり取りを１つの物語としてまとめています。２ちゃんねるのフローをまとめサイトがストックしていた、と言い換えることが出来ます。

　多くの人が目にしたのは「ストック」であるまとめサイトのほうです。過去のやり取りを軽妙に編集されているため読みやすく、またエンターテイメント性も高いものでした。ストックされたことにより時間を経ても物語としての価値を失いませんでした。まとめサイトはマスコミ関係者の目にもとまり、電車男の物語はテレビドラマ化、映画化、舞台化されました。

2.4 2ちゃんねるの負の側面

2ちゃんねるは電車男などの多くの文化を生み出してきました。しかし誹謗中傷も多く寄せられネットの負の側面の象徴的な存在でもありました。

2ちゃんねるは当初「アクセスログを保存しない完全匿名の書き込みができる」ということを売り文句にしていました。完全匿名は権力批判や内部告発などが出来るというメリットがあります。誰が書き込んだのか追跡されませんから、責任を問われる心配をすることなく批判や告発ができます。圧力団体などへの配慮からマスコミでは取り上げられないような話題も遠慮なく語ることができます。特にタブーに対しての批判は社会的影響力を持ちました。しかしその反面、誹謗中傷も多くなりました。有名人への誹謗中傷は当り前で、一般人の所属や名前を挙げたうえで根拠のない誹謗中傷が繰り返されるということもありました。2ちゃんねる上の誹謗中傷に耐えられず心を病む方もでています。

また2ちゃんねる上ではスキがある意見や極論が幅を利かせるようになりました。2ちゃんねるはフロー型サービスです。ちゃんとした意見や正論には反論が付きづらいものです。反論できない正論はスレッドの流れを止めてしまいます。反論＝コメントが少なくなるためスレッドが上位に表示される割合も低くなり、閲覧数も低くなり、その話題自体も陳腐化してしまいます。

逆にスキのある意見や反論を呼ぶような極論は多くの反論＝コメントを貰うことができます。返信コメントが多ければ上位に表示されますから、よりスレッドは盛り上がります。そのため2ちゃんねるの多くはちゃんとした意見よりもスキのある意見、正論よりも極論で埋め尽くされました。

また「釣り」と呼ばれるいたずらも横行しました。わざと反論されるような話題をふってコメントをもらうことでスレッドそのものを盛り上げようといういたずらです。外国人のふりをして日本人の誹謗中傷をしてみたり、社会的弱者を攻撃するようなコメントをしてみたりなどです。

フローをつくりだすことがスレッドの盛り上がりに直結することから、2ちゃんねるはいつのまにか極論の代表のようになってしまいました。

2ちゃんねるの存在意義、権力批判やタブーへの挑戦は必要です。しかし、2ちゃんねるが日本のネット言論の代表であるということに多くの人が疑問を持ちました。2ちゃんねるが隆盛を極めた2004年前後に2ちゃんねるのアンチテーゼとして多くの人に支持されたのがブログです。

課題 9-2 普段自分が使っているネットジャーゴンを書き出してみましょう。そしてどのようなときに使っているかをまとめてください。

第9章　ストックとフロー

3　ブログ

3.1　2チャンネル批判から生まれたブログ

　ブログは米国では米国同時多発テロをきっかけに多くの人に認知されました。日本では2ちゃんねるの「フロー」の強さに対するアンチテーゼとして生まれています。情報を「フローさせながらストックする」ためのサービスとして提供されていました。

　ブログは発信者が固定されており、ブログごとにストックされます。多くの人が評価し、再度そのブログを閲覧することで閲覧数は増えていきます。ブログの盛り上がりはそのブログの閲覧数に反映されます。ちゃんとした意見、正論が評価を得て注目が集まり、スキのある意見や極論は注目されません。

　もちろん2ちゃんねるで行われたようなタブーへの挑戦も行われました。政権与党への批判や耐震偽装のスクープなどもブログ発です。マスコミでの医療批判への反論などもブログで行われています。

　ブログは他の人の行動に関わらず自らの意見をじっくり考えて表明できる場として多くの人の支持を受けました。発言は1つのブログにストックされていきます。ちゃんとした意見を出せる人のブログは多くのファンが付きます。ブログを書くほうも、多くの人に評価してもらえることでモチベーションを維持することが可能です。

3.2　アルファブロガーの登場

　2ちゃんねるがジャーゴンやアスキーアート、電車男などの文化を生んだように、ブログも多くの文化を生み出しました。

　その1つがアルファブロガーと呼ばれていた「ちゃんとした情報を出せる人」の存在です。アルファブロガーはブログを書く人＝ブロガーの中でも影響力の大きい人を指します。特に誰かに認定されるというわけではなく、尊敬をこめて呼ばれる愛称です。

　もともとは米国の雑誌の「アルファ・ブロガーズ（Alpha bloggers）」という記事から発生した言葉です。米国では個人ジャーナリズムがインターネットやブログが普及する前から盛んでした。ブログが個人の意見表明のツールとして普及するとそれまで紙媒体に頼っていた個人ジャーナリズムがネットの世界にも広がりました。2004年、2008年、2012年に行われた米国大統領選挙では、大統領候補に同行するメディア専用のバスにアルファブロガーも同席するなど、テレビや新聞とブログが同列に扱われています。ラザーゲート事件（第8章参照）のようにテレビよりも力を発揮することもあります。

　日本でも同様に、社会的影響力を持つブロガーが登場しました。時事問題や政治に関してのブログはもちろん、サブカルやオタク話などの分野にもアルファブロガーは存在します。時事問題や政治に関しては耐震偽装事件の際多くのスクープを飛ばし「新聞記者が出社後すぐに必

ず見るブログ」とも称されたブログがありました。また医療問題について深く追求したブログなどもあります。政治問題や安全保障に対してのブログもあります。

個々にストックしていくブログは個人のブランドを高め、それまでマスメディアに依存していた社会的影響力の発揮の場をネット上にももたらす1つの手段となりました。

3.3　芸能人によるブログ

ブログを活用したのは時事問題を扱う人だけではありません。ブログを最も活用している人たちといえば芸能人といっても過言ではありません。

たとえば芸能人が2ちゃんねるに実名で書き込んだとしてもあっという間にフローしてしまいます。また匿名ですから本人であると確認することはできません。本人であったとしてもフローの中でからかわれて終わりになってしまいます。

ブログは個人単位で発言をストックすることができます。特に名前を出して発言していくと、ストックされた発言によってその人のブランドが作られていきます。一般人、特にサラリーマンが実名でブログをやるというのはなかなか難しいものです。仕事のことを書けば守秘義務違反にとわれることもあるでしょう。日常生活のことをかけば不必要にプライベートをさらしてしまうことにもつながります。会社員であれば研究職の人が研究内容をかくか、また、まったく仕事とは関係のない趣味のことを書くぐらいしかありません。

芸能人はブログに向いているといっていいでしょう。プライベートをさらすといってもそれは芸能活動の一環になります。必要以上にさらす必要はありませんが、ファンとの間により親密な関係を気づくことが可能です。何を食べたのか、どんな仕事をしているのかも芸能活動としてのプロモーションの1つにつながります。また何を買ったのか、どんな服を着ているのかというのも芸能活動になります。自分が広告にでている企業の製品を使っているとアピールすれば広告主もよろこんでくれ、その後のビジネスにつながっていきます。

特にこれから名前を売り出していこうという芸能人にとってブログは強力なメディアです。テレビや雑誌などに出なくても、直接ファンに情報を届けることが可能です。自分のペースでファンと触れ合うことが出来ます。ネットに情報をストックしていくことで、後から見に来た人もその人のブランドを認知することが可能です。

また炎上（詳細第12章）したとしても売名の1つとして肯定的にとらえることができます。むしろお笑い芸人の中には意図的に炎上をさせて売名につなげる人もいるぐらいです。

まず名前を覚えてもらい、ブログで日頃の活動を報告してファンとのつながりを強めていく。ブログは芸能人にとって最適なツールの1つといえるでしょう。

3.4　ストックサービスとしての Wiki

ブログとならんでストック型サービスの1つが Wiki です。

Wiki は HTML をさらに簡略化したタグで HTML 文章を作れるサービスです。たとえば '''あ

いうえお ''' と Wiki の編集画面で入力すると "あいうえお" が強調文＝ <strong> あいうえお </strong> というタグで表示されます。また閲覧画面と編集画面が同じブラウザ上でできるため、だれでも編集することが可能です。

　Wiki はフローのサービスの様に新しい記事が古い記事を押しのけてページが刷新されるのではなく、1つのページをみんなで編集するサービスとなっています。知識のストックには最適なサービスといっていいでしょう。

　もっとも有名な Wiki サービスは Wikipedia です。ネット上の百科事典として利用されています。検索エンジンなどで学術用語や人の名前を検索すると最初に表示されますから、Wikipedia を見た人も多いと思います。1つのページを簡略化されたタグをつけることで更新できるため、様々な用語が Wikipedia には掲載されています。テキストメインで更新できるため少し知識があれば編集者として参加可能です。

　百科事典的なサービスを掲示板型のフロー型サービスで構築しているものもありますが、Wiki のようなストック型サービスのほうが1つのページをじっくり更新できるというメリットがあります。

課題 9-3 あなたが普段閲覧しているブログやミニブログなどんなものがありますか？　なぜそれを閲覧するか理由を考えてみましょう。

4 ストックとフローの使い分け

4.1　ブログの最適値は1日1更新

　ブログは記事が単位で蓄積されるストック型サービスであるものの、サービス全体は記事が更新されると最新記事が一番上に表示されるフロー型サービスでもあります。

　ブログのフローの速度は最適値があります。それは1日1記事です。**図 9-6** はブログの更新頻度（日）と閲覧数（日）の関係をグラフに表したものです。

　両辺は10を底にした対数になっています。閲覧数は更新頻度の1.15乗に比例しています。切片が2.91なので、毎日更新していれば1日当たり813ページビューを期待できます。逆に3日に1回の更新では230、1週間に1回では87、1か月に1回では16しか期待できません（**表 9-1**）。

　逆に更新頻度を1日1回以上にしてもあまり効果は現れません。更新頻度が1以上の場合は更新し過ぎで追いつくことが出来ない、目障りという判断をされて閲覧数が伸びることはありません。

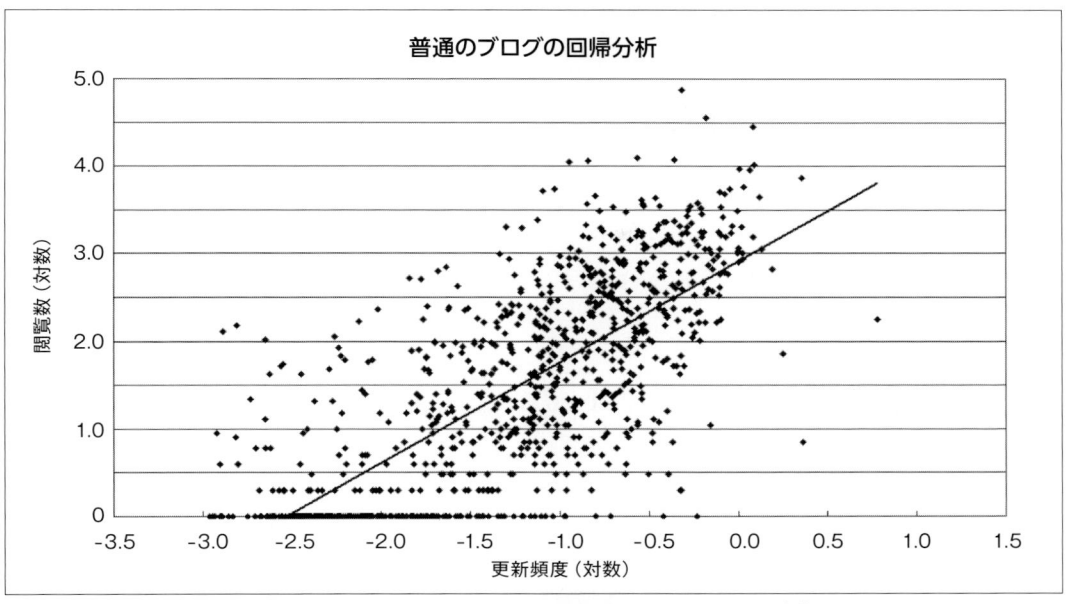

図 9-6　ブログの更新頻度と閲覧数の関係のグラフ[1]

表 9-1　ブログの更新頻度と閲覧数の関係の表

更新頻度	見込める閲覧数
毎日	813
3日に1回	230
7日に1回	87
10日に1回	39
30日に1回	16

4.2　重要度によるストックとフローのさせ方の違いその1　ストックの使い方

　SNSやミニブログ（mixiやFacebook、twitterなど）も同様です。更新と閲覧数はほぼ比例関係にあります。できるだけ更新頻度は落とさないほうが得策です。ただしあまり更新しすぎると「うっとうしい」と思われて閲覧されなくなります。そのため、ネット上の情報発信は計画性を持ってストックとフローを使い分ける必要があります。

　最も重要になるのが情報の重みづけです。情報の重みとは自分がどの情報を他人に見てもらいたいかということの優先順位です。

　重要な情報はコロコロ変わるものではありません。個人であればプロフィール、会社であれば会社概要などがそれに当たります。また自分の名前や会社の名前を検索している人がまず必要としている情報も重要です。会社であれば最寄り駅からの会社の地図などがそれに当たります。重要度の高い情報ほどフローしないようにします。他の情報に混ざってわかりづらくならないようWebサイトで静的・ストックとして発信します。

　最重要の次に重要な情報はゆっくりと自分のペースでフローするサービスで発信します。経

第9章　ストックとフロー

営者による考え方などがそれに当たります。これらはブログなどが適しています。他人の書き込みなどにまぎれることもなく、自分の出したいときに情報を出せるからです。

　ただしこれら重要な情報は能動的に見に来る人にとってのみ有効です。個人の名前や芸能人の名前、会社の名前などを検索した時にでてくるのがストックされた情報です。ある程度その人やその会社のことを知っている人、知りたいという人が見に来ています。そうなると閲覧数はそれほど伸びません。ある程度知名度のある個人や会社であれば十分ですが、これから新商品を売り込みたい、知名度を上げたいというときはストックとゆっくりしたフローだけでは不十分です。

4.3　重要度によるストックとフローのさせ方の違いその2　フローの使い方

　新商品を売り込みたい、知名度を上げたいというときはフロー型サービスを積極的に使います。フローの速度がもっと早いサービスの1つがミニブログのtwitterやSNSのFacebookなどです。twitterやFacebookのフローの速度が速いのは単純に利用者数が多いためです。アメーバなうやmixiなど競合サービスもあります。フローを使って知名度を上げたい、認知度をあげたいというときはその時々の流行りのサービスを選択し、人が多く、フローが速いサービスを選ぶ必要があります。

　フローの速度が速いサービスほど定期的にチェックされるため全体の閲覧数は高くなります。そのかわり自分だけの情報ではなく、玉石混交でいろんな情報がフローしていきますから、どのタイミングでどの情報を誰に対して出すかというのを計画する必要があります。

　たとえばWeb上のキャンペーンを行う場合は、応募資格を日替わりにしてみるとか、パズルのようなものを用意して毎日ヒントを出すとか、常に変化する情報を用意しフローの中に上手に乗せる必要があります。

　告知の方法も重要です。Facebookやtwitterはシェアやリツイートなどユーザーが自ら情報を広げてくれる機能がついています。写真やイラストやユーモアの効いたセンテンスを用意して、ついシェアやリツイートなどをしたくなるように仕掛けます。

　フローからストックに誘導したら、あとはリピーターになってくれるようにします。ブログなどを上手に使い、自分のペースでじっくりとフローさせられるサービスを使いファンの拡大に努めます。

重要度 大↑↓小	更新頻度 小↑↓大	ストック型サービス	Webサイト ブログ
		フロー型サービス	ミニブログ・SNS

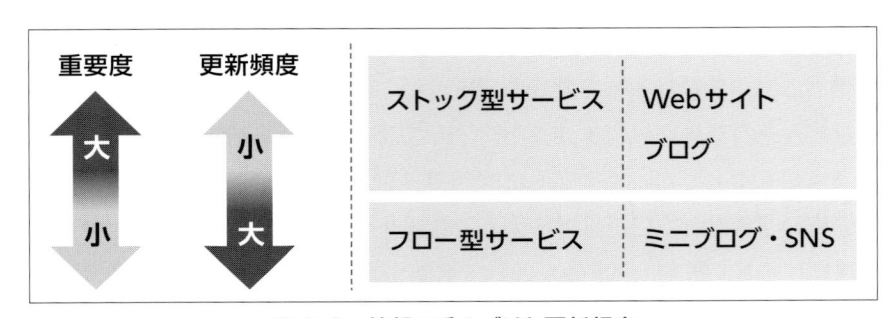

図9-8　情報の重みづけと更新頻度

5 まとめ

　静的サイトであるWebサイトは、CGMにより動的に変わりました。掲示板の動的＝フローのサービスはよいところもありましたが悪い面も強調されるようになりました。ブログはフローではなくゆっくりフローして確実にストックになるサービスとして提供され、多くの人に受け入れられています。

　しかしストックするがゆえに、過去の「悪事」もストックされてしまいます。無用なトラブルを避ける意味でも、些細なことでもネット上にログとして残るということを意識しながら、上手に情報を発信していきましょう。

【引用】
[1] 閲覧数と更新頻度によるスパムブログの傾向分析について　田代光輝　情報社会学会誌　Vol.5 No.1　研究ノート　2010年

【参考文献】
- 中野独人　『電車男』　新潮社　2004年
- 鈴木謙介　『カーニヴァル化する社会』　講談社現代新書　2005年
- 小林弘人　『新世紀メディア論 ―新聞・雑誌が死ぬ前に』　バジリコ　2009年
- 荻上チキ　『ウェブ炎上 ―ネット群集の暴走と可能性』　ちくま新書　2007年

第10章 ネットトラブル

インターネットはよい側面がある一方、いろいろなトラブルもあります。安全とは「リスクを受容できるまで抑えた状態」です。安心とは「安全を実現している人・組織への信頼」です。ネットのリスクを理解し、リスクを受容できるまで抑える＝安全で、信頼ある状態＝安心な環境でネットを活用しましょう。炎上はネットにおけるリスクの1つです。本章では、インターネットのトラブルにはどんなものがあるかを学びましょう。

1 インターネットのトラブルとは

インターネットには様々なトラブルが存在します。犯罪そのものや、倫理的な違反なども含まれます。また依存症などの病気などもインターネットにまつわるトラブルの1つです。

炎上はコミュニケーションに関するトラブルの1つ「ネットいじめ」のうち、不特定多数によるいじめが炎上に分類されます。

本章は

1) 警察庁・インターネット安全・安心相談（以下：事例の通し番号の頭文字は **P**）[1]
2) 消費者庁・国民生活センター「インターネットトラブル」（通し番号 **C**）[2]
3) 総務省・インターネットトラブル事例解説集（通し番号 **A**）[3]

に掲載されたインターネットにまつわるトラブル事例を、金銭トラブル・コミュニケーショントラブル・管理トラブルと心身トラブルの4の大分類をしたうえで紹介します。

2 金銭トラブル

インターネットに関してのトラブルとして多く紹介されているのが金銭トラブルです。

詐欺のような犯罪もありますが、送った品物が不良品だといわれて返品騒動になったとか、知らぬ間に高額な課金が発生してしまったなど、違法ではないトラブルも含まれます。

詐欺・商品の不達（不達）／返品のトラブル／盗品・違法品販売／請求のトラブルの4つの中分類でそれぞれ紹介します。

2.1 詐欺

　詐欺は金銭トラブルのうち、直接的な金銭の搾取を目的としてネットを利用する行為です。請求には根拠が無く、請求されたものには支払いの義務はありません。詐欺師に言葉巧みに騙されて金銭的被害にあってしまいます。フィッシング／架空請求／オークション詐欺／サイバー空間やペニーオークションの事例を紹介します。

2.1.1 フィッシング

　詐欺の1つがフィッシングです。

事例紹介

> **P1** 金融機関や企業などからID・パスワードなどの個人情報を問い合わせるメールが届いた
>
> **P2** 金融機関や企業などを装った偽のホームページを見つけた

　フィッシングとは、銀行やクレジットカード会社を装った偽のWebサイトを作成しカード番号とパスワードを盗み取る犯罪です。銀行の正式なサイトをまるまるコピーしたうえで、カード番号やパスワードを入れるフォームを張り付けてあります。パッと見では本当のサイトと見間違ってしまいます。偽のWebサイトへ誘導するために「パスワードが漏れてしまったのでリセットしてください」とか「本人確認が必要なのでIDとパスワードの確認をお願いします」などのメールを送り付けてきます。メールにあるURLをクリックすると偽のWebサイトが表示されます。パッと見ではわからないので、名前やカード番号、パスワードなどを入力してしまうことを狙った詐欺です。詐欺師は盗み取ったカード番号とパスワードを利用して、ネットバンキングでお金を勝手に送金したりネットショッピングで高額な商品を買ったりします。

　釣りの意味からFishing（フィッシング）と呼ばれますが、英語ではパソコンを使った詐欺であることから頭文字をPにしてPhishingと表記することもあります。

　フィッシングサイトは巧妙にできているので一見して見分けることはできません。ドメインがあっているかなどを確認する必要があるとされていますが、A銀行(abank.com)の偽サイトのドメインがa-bank.com.bk.rrなど、かなり近い名前で偽装してきます。普通の人がなかなか気づくものではありません。

対応方法

> 　フィッシング対策には（完ぺきではありませんが）ウイルス対策ソフトなどをいれて警告が出るようにするのが予防策として有効です。
> 　もし引っかかってしまったらただちに警察に連絡するとともに、銀行やカード会社に連絡して口座の凍結などをする必要があります。

2.1.2 架空請求詐欺

　詐欺の1つが架空請求・不当請求です。紹介されている事例が多いので一部抜粋します。

第10章 ネットトラブル

事例紹介

- **P3** メールなどで身に覚えのない料金を請求された
- **P4** クリックしたら突然、料金請求画面が表示された
- **P5** サイトを利用したところ、高額な料金を請求された
- **A11** 不当請求（ワンクリック請求など）
- **C40** 携帯電話に、出会い系サイトの未納料金の回収依頼を受けたという業者から3万円を請求する連絡があった。払うべきなのか
- **C41** 携帯電話に来る出会い系サイトの広告メールに配信拒否の連絡をしたら、利用料を請求するメールが毎日来るようになった。どうしたらよいか
- **C46** 出会い系サイトから、寄付金を受けとるためには手数料が必要とメールが来て支払ったが、騙されたと思うので返金してほしい。

　架空請求とはまったく出鱈目な請求です。ありもしない請求をメールで送り付けます。ほとんどの人は引っかかりませんが、ある一定の確率で振り込みがあることを期待して行われる犯罪です。特にアダルトサイトの利用料や出会い系サイトの利用料として送り付けられるというのが典型的な例です。

　アダルトサイトを閲覧することは普通にあります。しかし普通といわれてもやはりどこか後ろめたいものです。中年で家族がいれば妻や子供に知られたくない、高校生や中学生であれば親に知られたくないという心理が働きます。アダルトサイトを見ているという背徳感から見てもいないアダルトサイトの架空請求についひっかかり、請求されるまま数万円を振り込んでしまいます。未成年であればお金の必要性からカツアゲや万引きなどの犯罪に走ってしまう可能性も指摘されています。背徳感があるために警察への届け出も少なく発見されにくい犯罪ともいえます。

　不当請求も架空請求に似ています。架空請求はまったく利用したこともないサービスからの請求であるのに対して、不当請求はアダルトサイトなどを利用した際に不当に請求されるという違いがあります。

　請求方法は画面を開いただけでポップアップ方式で請求されることもあれば、約款に同意させたうえで後になって約款を変えて合法だと言い張って請求してくることもあります。利用フォームでメールアドレスを聞き出し、メールアドレス宛に請求書を送ってくることもあります。特にアダルトサイトや出会い系サイトを利用している人に請求されることが多く、背徳感からついお金を支払ってしまうという人が後を絶ちません。

対応方法

　まずはひっかからないことが重要です。アダルトサイトを利用しても、恥ずかしいと思う必要はありません。あまり利用しないという方でもパートナーや自分の子供が引っかからないよう、普段から注意することが重要です。

中には暴力団の影をちらつかせた脅迫めいた文面のメールを送ってくる業者もいます。危ないと思ったら直ちに警察に相談しましょう。

2.1.3 インターネットショッピング（オークション）を利用した詐欺

インターネットショッピングを利用した詐欺です。インターネットショッピング、特にオークションを利用した犯罪の例として紹介されているのが取引不調・チャリンカーです。

事例紹介

- **P7** オークションで落札して代金を入金したが商品が届かず、相手と連絡が取れなくなった
- **P8** オークションで落札できなかったが、出品者からメールで直接取引を持ちかけられた
- **P9** オークションで落札して代金を入金したが、商品をなかなか送ってくれない
- **A9** インターネットショッピングでのトラブル
- **C12** インターネットオークションで洋服を落札し全額支払ったが、届かないため返金を要求したら、一部返金されたのみで連絡が取れなくなった
- **C30** オンラインゲームのアカウントを個人から購入し料金を支払ったが、提供されないまま連絡が取れなくなった。どうしたらよいか。

取引不調はオークションなどで商品の取引を装って代金をだまし取る犯罪です。オークションの手続きにのっとってお金を払ったところ商品が送られてこないというものです。オークションは個人対個人の商取引の仲介です。オークション運営会社は責任を取らなくてもいいような約款を用意し、ユーザーに責任があるとしています。

オークションで安く希望の商品を手に入れることは可能ですが、その分リスクも高くなっています。オークションはそんなものなのだという前提で利用する必要があります。

オークションではチャリンカーという詐欺もあります。チャリンカーとはもともとは自転車操業の意味です。オークションに適当なものを出品し、落札されて代金が振り込まれてから商品を買いに行くというものです。うまく回っていればお金が儲かりますが、落札価格が低かったり資金的に行き詰ったりすると商品を買わずに逃げてしまう＝取引不調の犯罪となります。

チャリンカーは現物を持っていないのに販売をしているため、詐欺の1種とみなされています。悪質なものは最初から取引不調を目的として、オークションの評価をあげて相手を信用させるためにチャリンカーをするというものもいます。

対応方法

商品の写真がカタログのものである、保証書の写真がないなどの場合はチャリンカーの確率が高くなります。もし見つけたらそのようなものに手を出さないのは当然です。

第10章 ネットトラブル

安く買えるということはそれだけリスクもあるということを理解しましょう。盗品や違法品・粗悪品を見つけた場合はオークション運営者に通報するとともに、悪質なものは警察などに相談する必要があります。

2.1.4 サイバー空間詐欺やペニーオークション詐欺

インターネットに対する無知や仕組みに対する無知を利用した詐欺もあります。

事例紹介

C11 激安価格から始められるペニーオークションで、家電製品に入札したが、何度入札しても落札できずあきらめた途端に終了する。

仮想空間を利用した詐欺事件がありました。たとえば渋谷や新宿など仮想空間を作り「投資してくれば将来大きな儲けが出る」として多額のお金をだまし取る詐欺もありました。この事件は仮想空間のセカンドライフが流行し始めたころに出てきた詐欺です。流行の言葉を使い、インターネットの仕組みをあまり理解しない人に対して、あたかも渋谷の土地が買え、将来値上がりするような幻想を利用した詐欺事件です。

あるペニーオークションも詐欺事件として立件されました。ペニーオークションはオークションの入札をするごとにお金がかかる仕組みを持ったオークションです。それで落札できればよいですが、事件化したペニーオークションでは何度入札をしてもさらに高値の入札が機械的にされるため、ユーザー側は永遠に落札することができません。入札料だけがとられ商品がもらえることはありませんでした。運営側にも商品の在庫がなく最初から入札料をだまし取るための仕組みだったことが明らかになっています。

対応方法

ネットを利用した詐欺は多種多様化しています。便利な反面、落とし穴もあります。事例にあるサイバー空間詐欺やペニーオークション詐欺のように最初からだますつもりでシステムが組み立てられていることもあります。うまい話には罠がある、ということを肝に銘じておく必要があります。また被害にあったら速やかに警察に相談をしましょう。

2.2 返金に関するトラブル

インターネットショッピングやオークションで商品がとどかない、不良品が届いた、返品したいのに返品を受け付けてくれないというトラブルがあります。詐欺のような最初から人をだますつもりはなくても、思い通りのものが手に入らないとなると売り手と買い手の間でトラブルになります。オークションなどは個人が売り手になることが可能です。自らが返品のトラブルに巻き込まれないよう注意する必要があります。

2.2.1 商品の不達（不達）

詐欺のように最初から人をだますつもりがないものの、商品が届いた・届かないでトラブルになることがあります。

事例紹介

> **C14** インターネットオークションでコンサートチケットを落札したが、コンサートに出かける日までに届かなかった。支払いたくない
>
> **C18** 携帯電話のインターネットオークションで福袋を落札した。婦人衣類や小物が50点と書いてあったのに、半分しか入っていなかった

オークションは個人と個人のやり取りになります。自分が買う側として「商品が届かない」トラブルに巻き込まれることもありますが、自分が売る側として「商品が届かない」というクレームにさらされる可能性もあります。届いた証拠がなければあなた自身が詐欺師として訴えられるかもしれません。また期日があるような商品を期日通りに届けられなければトラブルとなります。チケットの転売などもたびたび見受けられますが、しっかりと郵送日時を確認する必要があります。

対応方法

> 自分が売る立場となったら、商品は宅配便を利用して配達履歴が確認できるようにする、商品内容や期日などを守るなどをし、不要なトラブルを避けましょう。

2.2.2 不良品が届いた

不良品が届いた、とトラブルになることがあります。

事例紹介

> **C27** インターネット通販で手袋を購入した。表示されていた手の甲のサイズよりもずっと大きい商品が届けられたが、返品に応じてもらえない
>
> **C24** 日本でも使えるという表示を見て、インターネットで外国製のヘアーアイロンを購入したが、使えなかった。モール業者が苦情に対応しない
>
> **C28** インターネットで福袋を2つ購入したら、まったく同じ内容だった。交換を希望したが断られた。交換はできないものか

明らかな不良品が届いたということであれば返品や交換を申し出ることが可能です。しかし微妙な色の違いやサイズの違いなど、不良品として返品を申し出られるかどうか微妙なトラブルが多くなっています。

インターネットでの買い物は通常の買い物と違い現物を確認できません。実際試着してみることができないため、洋服のサイズが合わなかったなどのトラブルの可能性があります。同様

第10章 ネットトラブル

に色がパソコンで表示されている色と違っていることもあります。

　通販であれば本当の色に近い色の色見本が付いていたりサイズがある程度統一されていたりして、自分ならこのサイズといって安心して買うことが出来ます。インターネット、特にオークションのように個人と個人の売買においては、売り手側の品質が一定ではありません。デジタルカメラの画質がバラバラなので、パソコン上の色が本当の色であるとは限りません。またサイズもきちんと測ったわけではないため、多少のズレがある可能性があります。

　通常の買い物は店舗に行って話し合えば返品や交換に応じてくれます。インターネットでの買い物は実店舗がない場合が多いので話し合いをすることができません。メールなどでは返信がされないこともあります。またオークションでは複数の品物を用意していないことがあるので交換してもらえない確率が高くなります。

> **対応方法**
>
> 　インターネット経由の買物は現物が見られないので、サイズ違いなどがあるという前提を理解する必要があります。また色も正確には発色しません。ある程度自分でサイズや色の知識があればよいですが、不安であれば出品者に詳細を問い合わせるのも1つの手です。
>
> 　またカメラなどの精密機械はスペックがしっかりしていますが、正確に動作するかどうかは不明です。あくまでそういうものだという観点で利用するのが良いでしょう

2.2.3 商品が壊れていた

　インターネットのショッピングでは商品が壊れていた、もしくはすぐ壊れてしまったというトラブルがあります。

事例紹介

- **C16** 2カ月前にネットオークションで購入した財布が数回の使用で内側がはがれた。売主に何が求められるか
- **C17** インターネットオークションに庭の置物を出品した。落札者から、「商品が破損していた」と、商品代金や送料を超える金銭を請求された。

　これは通常の買い物でも起こりうるトラブルですが、インターネットでは商品を手に取って確認することが出来ないため品質を確かめることができません。粗悪品を買ってしまって、すぐに壊れてしまうということがあり得ます。逆にオークションで自分が売り主の立場で、買い主から「すぐに壊れた」と文句をいわれるリスクがあります。お互い顔の見えない商取引になるので、相手がどんな人かわかりません。相手側の意図したいいがかりかもしれません。

　また特にオークションで個人が出品している場合、商品が1つしかないため、返品・交換が可能でない場合があります。

> **対応方法**
>
> 　当事者同士で誠意を持って話し合い、必要であれば消費者庁などの助けを借りて解決しましょう。また保障内容も事前に確認する必要があります。

2.2.4　オンラインゲームにおける販売トラブル

　金銭に関するトラブルは買い物だけではありません。オンラインゲームに関するトラブルも増えています。

事例紹介

- **P36** オンラインゲームの中のお金やアイテムがなくなっている
- **C31** オンラインゲーム会社が新システム改変時に生じた不具合をなかなか修正してくれない。修正状況もわからず不満である
- **C32** 4年ほど前から、パソコンでオンラインゲームをやっている。数日前から無期限停止になり、メールで問い合わせても理由がわからない
- **C33** 携帯電話の無料オンラインゲームで遊んでいるが、途中から有料アイテムが必要となり、それを購入してもゲームをクリアできない
- **C34** 有料のオンラインゲームに参加しているが、システムの不具合で2時間ほど中断したため購入したアイテムを失った。補償してほしい

　オンラインゲームは運営費を稼ぐためにいくつかのビジネスモデルがあります。ここ数年はアイテム課金と呼ばれるビジネスモデルが増えてきました。ゲームそのものは無料で利用できますが、特別なアイテムがないとなかなか次のステージに進めません。特別なアイテムは有料で販売されているため、無料でゲームをやっているつもりがいつの間にかお金を払っていた、ということになります。

　最近では課金の金額があまりに高額になってきており、社会問題化しました。特に未成年が自覚なく高額の商品を買ってしまい、親宛に請求がきてびっくりするということもあります。法律上問題はないので請求は有効ですが、射幸心をあおって高額な取引をすることに対してゲーム会社のモラルが問われています。

　また事例紹介にもあるように有料で買ったアイテムがなくなってしまうトラブルや、アイテムを買ってもクリアできないなどのトラブルもあります。物品の売買とは違い、オンラインゲームはデジタルデータです。また著作権などの関係でデータは所有ではなくレンタルであるという規約をもつゲームも増えてきました。

　ゲームはあくまで息抜きとして楽しみましょう。

> **対応方法**
> オンラインゲームはあくまで息抜きとして楽しむ、また子供にもそのように使わせるという日頃からの教育が必要となります。ゲームに夢中になるとつい勢いでアイテムを買いたくなりますが、遊びでお小遣いの範囲で楽しむのがよいでしょう。

2.2.5 意図しない発注

インターネットではボタンの押し間違いなどで意図しない発注をしてしまうトラブルがあります。

> **事例紹介**
> **C19** インターネットオークションで、一回で落札できる価格のボタンを誤って押してしまった。誤操作をした旨を連絡したが、回答がない
> **C20** 航空会社のサイトで航空券のキャンセルをしたところ、認められたが、家族のうち子どもの分だけが未だに払い戻されず心配である
> **C29** 知人が航空会社のホームページで航空券を購入したが、受付完了メールがないので二重に契約してしまった。航空会社に補償を求めたい

インターネットでの買い物は自分でマウスやキーボードを操作して行います。お金を払うということも、クレジットカードを登録しておけば自動的に支払い手続きをしてくれる便利なサイトもあります。それが逆にトラブルになることがあります。ボタンを見誤って高額なものを買う手続きをしてしまうことや、数を間違えて買ってしまうこともあります。

> **対応方法**
> パソコン操作はあくまで自分の責任になります。発注の際にはあわてずゆっくり確認する必要があります。それでも間違えてしまった場合はすぐに運営者などに問い合わせ、発注を取り消してもらいましょう。

2.3 盗品・違法品販売

インターネットに限らず盗品や薬物などの販売は禁止されています。しかし実店舗を持つ必要のないインターネットショッピングは、少なからず盗品や薬物などの販売ルートになっています。

2.3.1 盗品の販売

実店舗を持たず、個人で販売できるオークションはまれに盗品などが販売されていることがあります。

事例紹介
P10 自分の盗まれたものがオークションで売られている

盗品の販売はそれなりの頻度で事件化しています。被害者自ら落札して警察に通報した、というニュースもあります。また仏像などの骨董品などが盗品であったという事例もありました。自分が被害者である場合は、製造番号などで間違いがないかを確認したうえで、警察に通報しましょう。

対応方法
自分が被害者となった窃盗事件で、盗まれたものがオークションに出品されたのを発見したら、まず製造番号などで自分のもので間違いないことを確認しましょう。そのうえで保証書など証明できる書類を用意して警察に通報しましょう。

2.3.2 違法品の販売
まれに、インターネットで違法品を販売しているのが事件化します。大麻や覚せい剤などの麻薬、偽ブランド品などがそれに当たります。

事例紹介
P11 オークションで落札した商品が偽ブランド品、コピー品だった
C13 インターネットオークションでブランド品のスニーカーを落札したが、偽物だった。出品者は返金するとのことだったが、連絡が取れなくなった
P12 オークションで違法なものが出品されていた

大麻や覚せい剤、偽ブランド品もそうですが、預金通帳や利用中の携帯電話なども売買することは禁止されています。違法品は売るだけではなく買うことも違法です。見つけ次第警察に通報しましょう。

対応方法
違法品を見つけたら買わないことはもちろんですが、警察に通報する必要があります。

2.4 請求のトラブル
金銭トラブルの中には合法的な高額請求のトラブルがあります。

2.4.1 親のクレジットカードの無断利用
親のクレジットカードを子どもが勝手に利用してしまい、高額な請求がきて発覚するというトラブルがあります。

第10章 ネットトラブル

事例紹介

A8 大人名義のクレジットカードの無断利用

クレジットカードはカードに記載されている番号や有効期限などを入力するだけで決済ができてしまいます。子供が入力したとしても決済の認証は通ってしまいます。子供はお金の価値をちゃんと理解していませんから、思うがままに買物をしてしまうことがあります。友達の間で評判を高めたいがために、オンラインゲームの課金アイテムを買って友達に配ってしまう、という事例もありました。

家族が勝手に利用した場合、カード会社からの請求が認められない場合もありますが、本人のカード管理の責任・子供への監督責任も問われます。

対応方法

クレジットカードをしっかり管理することがまず大事です。また子供にクレジットカードが現金と同じ価値があることやお金の価値そのものを教える必要があります。
家族が勝手に利用した場合、カード会社からの請求が認められない場合もありますが、本人の責任も問われます。カードの管理や子供の監督責任を十分に果たしましょう。

2.4.2 サービス利用で高額請求

ネットサービスを何気なく利用していたところ、合法的に予想外の請求をされたというトラブルがあります。

事例紹介

P5 サイトを利用したところ、高額な料金を請求された

A10 無料ゲームサイトでのトラブル

C49 出会い系サイトからメールが来るようになり、配信停止の手続きをしようとしてサイトを開いたところ、料金を請求された。対処法を知りたい

C25 インターネット通販でネイルマシンを購入した。広告には代引手数料無料とあったが、確認メールには料金が記載されていた。支払うべきか

C45 SNSで知り合った人から誘導され、出会い系サイトに登録した。無料だと思っていたが課金されてしまった。どうすればよいか

ネットサービスには様々な規約を持ったものがあります。架空請求や不当請求のような違法なものではなく、規約や契約に沿った請求です。請求元からは「合法でありあなたも規約に合意している」といってきますから、なかなかいい返すことはできません。

しかし、契約前の規約合意が実質的になかったり、わかりにくかったりしている場合は契約無効を主張できます。また規約に沿った料金であるかも確認しましょう。利用時間や利用内容に関係なく高額の請求をしている場合もあります。

必要であれば弁護士や消費者センターに相談しましょう。

> **対応方法**
>
> 契約時の利用合意が明確であったかの確認や、請求金額が規約に沿ったものであるかの確認をしましょう。もしそうでなければ契約無効を主張できます。また弁護士や消費者センターに相談し、アドバイスをもらうことも重要です。

2.4.3 通信料のトラブル

サービス利用でも通信料の高額請求などは契約無効を主張するのが難しいものがあります。

事例紹介

C9 携帯電話会社が迷惑メールの受信料金を請求する。行政から指導し返金するよう連絡をしてほしい

C10 フィルタリングをかけた子供の携帯電話が迷惑メールを受信してしまい、パケット通信料が発生した。今まで払った通信料を返してほしい

携帯電話の通信料を従量制にしておくと、画像や動画データのやり取りだけで数千円の通信料がかかってしまう場合もあります。子供だから使わないだろうと思っていても、写真1枚送っただけでもそれなりの通信料がかかります。中には受信だけでも通信料がかかる契約内容もあります。迷惑メールが大量に送られてきただけなのに数万円の通信料が発生したということもあり得ないことではありません。

携帯電話は料金プランが複雑で非常にわかりにくいというのもトラブルの原因の1つです。安いのか高いのか、たくさんの割引があるのでいったいいくら払えばいいのかわからないという人も多いでしょう。

しかし契約をした以上、それに従う必要があります。契約時にどのような料金プランなのかをしっかりと説明を受けましょう。重要な部分はメモをしておくことも必要です。

最近では料金の上限がさだめられた料金プランも多くなっています。高額請求でびっくりしないために上限のあるプランで契約するのも、トラブルを避けるための1つの手段です。

乗換割引やスマートフォン割引など、多種多彩なキャンペーンがくりひろげられています。契約時の確認は必ず行いましょう。

> **対応方法**
>
> 携帯電話の契約時に契約内容や料金の上限などをきっちりと確認しましょう。特に子供に使わせる場合、いろいろな使い方をすることが想定されます。大丈夫だろうと安心しないで、より安全な料金プランにしておけばトラブルは回避できます。
> また時折利用状況や料金をネットなどで確認し、請求額が急に増えていないかのチェックも必要です。料金に上限があるから大丈夫と安心していても、別の通信方法では従量課金であったりする場合もあります（海外プランなど）。十分に注意して利用しましょう。

2.5 金銭トラブルのまとめ

このようにインターネットに関しての金銭トラブルは様々あります。詐欺のように最初から人をだます意図があったものから、通信料金トラブルのように契約に沿った形での請求というものもあります。

近年社会問題化しているのが子供による無料ゲームサイトでの課金トラブルです。無料でゲームできますよという呼びかけのもと、ゲームを進めていくためには課金アイテムが必要になります。お金の価値を理解できていない子供は、お金を野放図に利用してしまい、高額の請求がやってきてびっくりという事件がありました。中には数十万円の請求をされたというケースもあります。

子どもの中には請求を賄うために売春したり、恐喝や強盗・万引きなどの犯罪に走ってしまったりするケースも見受けられます。

お金の価値を再度家庭の中で教育し、カード利用についてもしっかりと教える必要があります。

トラブルは警察や消費者庁などでも窓口があります。困ったことがあれば担当の窓口に相談し、アドバイスを受けましょう。

3 管理トラブル

金銭トラブルの他にも管理に関するトラブルもあります。情報流出やハッキングなどです。また意図的に情報を流出させるリークなどのトラブルもあります。

3.1 管理妨害のトラブル

インターネットは世界中のパソコンをつないでいます。理論的にはあなたが利用しているそのパソコンですら世界のどこからでもアクセス可能です。IDとパスワードを入手してしまえばその人に成りすますことも可能になります。

システム管理を経験している人へのヒヤリングでは、ポートスキャン（システム的な穴を探るためのアタック）はほぼ毎時間、ハッキングの形跡ログはほぼ毎日あるとのことでした。

3.1.1 ハッキング・DoS攻撃・ウイルス感染

管理妨害のトラブルの典型例がハッキング・DoS攻撃・ウイルス感染です。

事例紹介

- P31 不正なメールが多数到来し、管理しているサーバの負荷が高くなった
- P32 サーバがDoS攻撃を受けている
- P33 サーバのセキュリティ・ホールから不正アクセスをされた
- A5 パソコンのコンピュータウイルスの感染

OSやサーバ設定の"穴"を利用してサーバの中身を盗み取ったり、改変したりして相手の業務を妨害するのがハッキングです。ハッキングによりIDやパスワードを盗み取り、後述の不正アクセスによって相手に不利益をもたらすということも報告されています。大きなサービス運営会社が10万の単位でIDとパスワードをハッキングされ、社会的なニュースにもなりました。

　ハッキングは高度な技術的知識が必要です。個人が趣味的に行うこともありますが、近年では国家組織によるハッキングも指摘されています。ハッキングにより企業情報や国家機密を手に入れ、自国の利益のために使います。

　高度な技術が必要な管理妨害がハッキングですが、高度な知識がなくても管理妨害をすることができます。DoS攻撃と呼ばれているもので、嫌がらせをしたい相手のホームページを何度もリロードさせることでサーバに負荷をかけ、ホームページを閲覧不可能にしてしまう嫌がらせです。政治的な対立、感情的な対立をきっかけに、相手の国の代表的な交流サイトにDoS攻撃を仕掛けるということが恒例行事のようになっています。日本ではあまり意識されていませんが、韓国で独立運動記念日とされている3月1日、中国では盧溝橋事件の7月7日などはそれぞれの愛国感情が高まるため、日本の愛国的なサイトに対するDoS攻撃が仕掛けられます。

　日本でも同様な事例があります。2000年のシドニー五輪の際、柔道の判定への不満からDoS攻撃が始まりました。ターゲットは主審の出身地であるニュージーランドの在日大使館のホームページです。日本人からのDoS攻撃によりホームページのカウンターが一時利用不能になるという事態に陥りました。

　他にも大量のメールを送り付け、メールサーバを利用不可にしたりする嫌がらせもあります。

　また、もともと脆弱なサーバであったがために、通常の情報検索でサーバがおちてしまうという事件がありました。情報検索をした社長は逮捕されたものの、サーバ側に不備があることがわかりその後無罪・釈放となっています。

　これらは技術的な知識がないと対応しきれませんが、身近なところではコンピュータウイルスの感染被害があります。コンピュータウイルスには大きく分けてパソコンの機能を妨害するものと、パソコン内の情報を流出させるものの2つの種類があります。ある日突然パソコンが起動しなくなることもあれば、メールや画像フォルダーの情報などが世界中にばら撒かれてしまうこともあります。

対応方法

　個人で普通にインターネットを使うのであればウイルス対策ソフトを購入し、定期的なアップデート・検疫作業をする必要があります。最近の対策ソフトはそれらを自動的にやってくれるものも増えていますので、さほど手間はかかりません。

　同様にOSのアップデートやソフト・アプリケーションのアップデートも必要です。windowsなどでは自動的にアップデートしてくれますが、ソフトやアプリケーションなどはまだ手動のものもあります。パソコンを使うための基本的な知識として、アップデートがあることを覚えておき、定期的な習慣にしましょう。

3.1.2 不正アクセス

IDとパスワードが盗まれ、不正アクセスによって情報が変えられるなどのトラブルです。

> **事例紹介**
> **P13** 自分のオークション用のID・パスワードを他人に使われた
> **P30** 自分のID・パスワードが他人に使われている

IDやパスワードはハッキングで盗まれる場合もあれば、コンピュータウイルスによって盗まれる場合もあります。IDやパスワードが盗まれてしまえば、管理している先の情報を利用されてしまいます。勝手に買い物をされることもあれば、オンラインゲームなどで貴重なアイテムを盗まれることもあるでしょう。

またブログやSNSなどのIDやパスワードが盗まれてしまえば、自分の意思とはまったく関係のないことを書き込まれて、名誉を毀損されるかもしれません。

他人のIDやパスワードでログインすることは不正アクセス禁止法により禁止されています。もし被害にあったら速やかに警察に届け出ましょう。

> **対応方法**
> 不正アクセスは違法行為です。被害にあったらすぐに警察に届け出ましょう。ただしその前に自分がパソコンのブラウザ上に自動入力で保存したものを他人、特に家族がパソコンを使った際に自動ログインして使っていないかなどの確認が必要です。
> また日頃のIDやパスワードの管理も注意しましょう。パスワードを誕生日や車のナンバー、住所の番地などにしない、メモを残さない、電話やメールの問い合わせでパスワードを他人に教えないなどが必要です。

3.2 管理不能

管理妨害のように他者からの攻撃により情報の管理不全に陥ることのほかに、リークや流出など自らの失態で情報を流してしまうなどの管理不能に関するトラブルがあります。

3.2.1 意図しない個人・企業情報の流通

企業情報や個人のプライバシーが意図せずネット上に流れてしまうトラブルです。

> **事例紹介**
> **A7** 個人情報流出による脅迫

ブログやSNSには自己紹介の欄があります。友達だけに公開している設定になっていたとしても、ハッキングにより流出してしまうことや、設定を間違えて不特定多数に公開してしまうことがあります。そこに実名や住所・電話番号・所属している学校などを書いてしまえば、強迫や嫌がらせにつながります。

次章のコミュニケーショントラブルで詳しく説明しますが、連絡先をさらしてしまったことで言葉巧みに見知らぬ人に誘い出され、性的暴行を受けたという事例もあります。特に未成年には注意が必要です。

対応方法

> 子どもに対しては実名や学校名、住んでいる町、年齢、住所、電話番号などをネットに書かないようにしっかりとした教育が必要です。またメールやSNSなどを定期的にチェックし、見知らぬ大人とやり取りしていないか確認する必要もあります。
> 大人に関しては、逆に企業名をなのらず自社商品に「いいね」を押してしまうと、景品表示法の優良誤認にあたり、違法とみなされます。何をどう発信していくか、所属先のプライバシーポリシーに従って発信していきましょう。

3.2.2 リーク

自ら情報を公開してしまうパターンです。意図しないリークも存在しています。

事例紹介

A6 プロフからの個人情報流出による嫌がらせ

個人情報がウイルスに感染して流出することもありますが、それよりも危険なのが「自ら発信してしまう」場合です。

SNSやブログなどの自己紹介に必要以上に自分の情報を載せてしまい身元がばれたり、大事な情報が漏えいしてしまったりするケースです。

たとえば名前をニックネームにしていたとしても、どこの高校を出たのかとか、どの大学に所属しているなど書いてしまえば特定されやすくなります。学科や専攻、クラス名などを書いてしまえば、何かトラブルに合ったときに周りの友達にも迷惑をかけてしまうリスクがあります。

大学名などを伏せればよいかといえばそうでもありません。書き込みに駿河台・生田というキーワードがあれば明治大学、三田・日吉というキーワードがあれば慶應義塾大学、高田馬場や本部というキーワードがあれば早稲田大学の関係者であることは容易に想像できます。

高校生であったとしても、運動会があった、修学旅行に行ったという書き込みがあれば、その日に運動会があった学校の一覧を作られ、修学旅行の行先などと突き合わせて特定されてしまいます。ある程度絞り込まれれば、あとは言葉巧みに誘いだすことも可能になります。

同様に、企業人であればどこに出張した、どのビルでご飯を食べたなどの情報で、その人がどの会社と取引しているのかを推察することはある程度まで可能になります。愛知にいればトヨタ関連、広島にいればマツダ関連、などです。その際に「商談がまとまりそう」などと具体的なことを話してしまえば大事な企業情報をリークしてしまうことになります。ひょっとしてライバル会社にいる友人が「あそこの商談を横取りしましょう」といってクライアントに営業攻勢をかけるかもしれません。

第10章 ネットトラブル

実際あった例としてはあるスポーツチームのコーチが練習内容をネットで公開してしまい、作戦がばれてしまったということがありました。

> **対応方法**
>
> 自らの名前や所属先は安易に公開しない。また電話番号や住所など重要な連絡先も公開してはいけません。もし公開するとしたら公開専用のメールアドレスを取得するなどして、重要な連絡先と使い分けましょう。
>
> また企業で正社員・アルバイトなどで働いていれば守秘義務を守らなければいけません。仕事上知り得た秘密や顧客情報などをネットに公開すれば、損害賠償を支払わなくてはならなくなるかもしれません。守秘義務を守り、職務を全うしましょう。

3.2.3 不正情報の流通

上記2つは自らの情報がネットで勝手に流通してしまうトラブルです。他にも見たくない情報、触れてはいけない情報がネットにあふれているというトラブルもあります。

> **事例紹介**
>
> **P23** 子供に暴力や性的な画像を見せないようにするにはどうしたらよいか
> **P24** ホームページに児童ポルノ・わいせつ画像が掲載されている
> **P35** 出会い系サイトに児童が書き込みをしている
> **A12** ゲームソフトの違法ダウンロード
> **A13** 楽曲の違法ダウンロードとコピー配布

ネット上にはポルノやわいせつ画像・動画、グロテスクな画像などがあります。世界各国で道徳の基準が違いますから、日本の道徳観では信じられないような画像や動画も流通しています。日本発としては児童ポルノなどが世界的に問題視されています。

またゲームソフトや楽曲の違法流通も問題になっています。これら不正な情報を見たりダウンロードしたりしてしまうと、一部では法律により罰せられることがあります。また子供がわいせつ動画やグロテスク画像などを見れば精神的ダメージも計り知れません。

> **対応方法**
>
> ネットには様々な情報が溢れています。子供に見せたくないのならばウイルス対策ソフトの子供用のフィルタリングを利用する、フィルタリング専用ソフトを利用するなどである程度までは対応が可能です。また子供に勝手にパソコンを触らせるのではなく、一定期間で利用履歴を確認するなどする必要もあります。
>
> また大人であればどれが違法かはある程度判断ができるでしょう。ゲームや楽曲の違法ダウンロードをしないのはもちろん、児童による出会い系書き込みなどの情報を見つけたら関係機関に通報する必要があります。

4　心身トラブル

金銭トラブル・管理トラブルの他にも心身に関するトラブルがあります。

事例紹介
- **A17** ゲーム依存による日常生活に悪影響
- **A18** ケータイ依存により情緒不安定

　チャットやメールのやりすぎで睡眠不足に陥り、午前は集中力を欠いているなどの現象が報告されています。

　ネットは様々な情報が溢れています。そのため常に新しい刺激を得ることが可能な反面、新しい刺激を受け続けなければ不安になったりします。メールが来ないだけで不安になることや、逆に早く返さないといけないという強迫感にかられることもあります。

　またオンラインゲームなどではグループで戦うものが流行っています。一人だけ抜けてしまったら周りに迷惑になるのではないかという不安から長時間ゲームをして体調を崩すという事例も報告されています。

　ネットは人生を豊かにするものです。依存によって不安になるためものではありません。特に子供は利用の限度を理解していません。家族で話し合って利用時間を定めるなどする必要があります。

対応方法

　依存症にならないためには子供へ対しては家庭や学校などでの教育が必要です。また子供の携帯のパケット料をチェックし、過度に使っていないか確認しましょう。大人に対しては携帯電話を使わない日を決めるなど、「オフ」の時間を設ける必要があります。
　ネットは人生を豊かにするものです。過度に依存せず、楽しく使いましょう。

【引用】
[1] 警察庁　『インターネットトラブル』
　　http://www.npa.go.jp/nettrouble/index.htm
[2] 消費者庁・国民生活センター　『インターネットトラブル』
　　http://www.kokusen.go.jp/topics/internet.html
[3] 総務省　『インターネットトラブル事例集』　2009年

【参考文献】
- 田代光輝　インターネットトラブルの分類方法の提案　情報社会学会誌　Vol.6, No.1　2011年
- 向殿政男　『安全の理念』　学術の動向　2009年

第11章 ネットトラブル
コミュニケーションに関するトラブル

　本章では、インターネットトラブルのうち、金銭・情報管理・心身とならぶ「コミュニケーション」に関するトラブルを紹介します。いわゆる「炎上」はコミュニケーショントラブルのうち、「ネットいじめ」に分類されます。

1　コミュニケーショントラブルとは

　インターネットは世界中につながっています。携帯電話の画面を操作することで色々な情報を得ることができます。そして様々な人と出会うこともできます。

　第7章（スモールワールド）で述べたように、友達の友達の友達、と3ステップいくだけで普通の日本人が米国大統領とつながることも可能になります。逆にいえば3ステップ先には数億人の見知らぬ人がいます。自分だけの狭い世界だけに発信していたと思った情報が見知らぬ人に届いてしまい、トラブルになることがあります。

　詐欺への最初の入り口のためのメールや、SNSによる誘い出しによる性的暴行など、金銭的にも肉体的にも被害が及びます。

2　詐欺などへの誘導

　コミュニケーショントラブルで深刻なものの一つは詐欺など犯罪などへの誘導です。インターネットは安価に大量の情報を送り付けることが可能です。少し前まではメールが使われていましたが、最近はSNSやミニブログなどのプラットフォームが増え、コミュニケーションの範囲も広がりました。

　もちろん、それにより交流範囲が広がって出会えることがなかったような有名人や、その道の一流の人と交流することが可能です。ネット草創期のエピソードとして、ネット掲示板にゼミでの数学の宿題を解いてほしいとお願いする書き込みをしたら解いてくれた人がノーベル賞受賞者だった、というものがあります。後日、ゼミで「自分が解けなかったのでネットで○○って人に解き方を教えてもらった」といって発表したところ、担当教授が腰を抜かしたという話です。

その反面、犯罪を意図している人にとっても便利なツールがインターネットです。メールはほぼ無料で多数に送ることが可能です。SNSでは特定の趣味の人と交流を持つことも可能です。私たちはインターネットは便利で有意義である反面、リスキーであることも自覚して使う必要があります。

詐欺などの犯罪への誘導に関して以下、事例を紹介します。

2.1 スパムメール（迷惑メール）

受け手側が望んでいないのに一方的にしつこく送られてくるのがスパムメールです。スパム（SPAM）はアメリカのホーメル食品（Hormel Foods Corporation）のランチョンミートの缶詰の登録商標です。米国のコメディ番組「空飛ぶモンティ・パイソン（Monty Python's Flying Circus）」において、食堂でSPAMと何度も繰り返しさけんで、最後には画面中がSPAMだらけになるというものがありました。その様子から何度もしつこく送られてくるメールをスパムメール（spam mail）と呼ぶようになっています。ただしSPAMが登録商標であることから、公式には「迷惑メール」とよばれています。

メールではインターネットの中で唯一ともいっていい「プッシュ型」のメディアです。自ら情報を取りに行く「プル型」とは違い、テレビやラジオのように情報の受け手に対して発信者側が強制的に情報を送り付けること（プッシュ）ができます。

知り合いに連絡を取りたい、ビジネスのアポを取りたいなどのときは非常に有効です。しかしプッシュ型メディアであるがゆえに、犯罪者にも利用されてしまいました。

メールでは発信者側はほぼ「無料」で大量の情報を大人数に送ることができます。メールの誘導に引っかかる人が1000人に1人の確率だとしても、10万人に送り付ければ100人が引っかかる計算になります。

古いプロバイダーであればメールアドレスが連番になっているため、ある数字の前後1万件に送るだけでも一定数の人に到達してしまいます。また名前やニックネームの組み合わせなども考えれば、有名プロバイダーのドメイン名だけを変えたりすることで大量に送り付けることが可能です。さらに名簿屋というものも存在しています。メルマガを装ったり無料の会員サービスを装ったりしてメールアドレスを登録させます。そうやって有効なメールアドレスを何万人分も集めて、詐欺グループに売り渡すという手口です。メールアドレスは名簿が非公然的に売買されており、その名簿あてに大量のメールが送られてくるということもあります。

スパムメールの内容も様々です。目的ははっきりしていて最終的に金銭を搾取するために送られてきます。典型的な例をいくつか紹介します。

2.1.1 ねずみ講などの勧誘メール

直接的な詐欺を目的としたメールの事例です。

第11章 ネットトラブル　コミュニケーションに関するトラブル

事例紹介

P18 ねずみ講・マルチ商法と思われるメールが届いた

　ねずみ講の誘いやマルチ商法などの違法なビジネスへの誘いのメールトラブルです。最近では震災に対する不安を利用した詐欺もありました。懐中電灯を格安で販売する、というので節電・計画停電に備えて購入手続きをしたところ一向に商品が届かないという詐欺や、放射能に有効なものであるというふれこみで何の変哲もないマスクが送られてくるなど、人を騙すために送られてきます。

対応方法

　騙されないことが一番ですが、不審なメールが来たら消費者庁や迷惑メール相談センターなどに相談して、アドバイスを受けましょう。被害にあってしまったら警察に届け出る必要があります。

2.1.2　出会い系メール

　詐欺メールの典型といわれているのが出会い系のメールです。詐欺を目的としていますが、出会いを名目に近づいて、信頼関係を気づいた上で騙します。

事例紹介

P34 見知らぬ人と電子メールをやりとりしているうちに有料サイトの契約を誘導された

C3 迷惑メールが多いので配信停止メールを送ったところ、出会い系サイトからメールが来るようになった

C4 携帯電話でSNS（ソーシャルネットワーキングシステム）に登録した後、アダルトサイトなどのメールが頻繁に送られてくるようになった。止めることはできないか

C5 出会い系サイトなどから届く迷惑メールに削除依頼をしていたら、1日に600通のメールが来るようになった。どうしたらよいか

　出会い系メールは単に出会い系サイトを使いませんか？　というメールを大量に送ってくるだけではありません。言葉巧みに相手を誘って出会い系サイトに誘導します。
　実際あった例として、有名芸能人のマネージャーを名乗り「恋愛禁止で愛に飢えているので話し相手になってくれないか」という誘いのメールを送り付けます。誘いに乗った人に対して芸能人本人メールアドレスとして、あるメールアドレスが紹介されます。そのアドレスに対して返信をするとちゃんと返事が届きます。もちろん送っているのはサクラで芸能人本人ではありません。しかし、いかにも芸能人であるかのようなエピソードや本人がいかに悩んでいるかという内容を送り付けてくるので、メールをやり取りしている人は本人に間違いないと信じ込

んでしまいます。

　何度かやり取りをするうちに、メールではなくメッセージサービスを使おうという提案がきます。そのメッセージサービスはメッセージ1通につき10円、100円などのお金がかかるサービスです。芸能人本人に頼られていると勘違いした人は、1通10円・100円のメッセージを何通も送り、気づいたら数万円の請求がたまってお金をだまし取られたというものです。

　芸能人を名乗るだけではありません、資産家の老人と結婚した20代の女性と名乗る人が、主人に先立たれ遺産がたくさんあるのでそのお金で男性を買いたいといってきたり、医学部の女子大生と名乗る人が、男性のことを医学的に知りたい、お金を差し上げるのでホテルで会いたいと誘ってきたりなど、様々なパターンがあります。性欲と金銭欲を両方満たすようなやり方です。

　これらも返信するとちゃんと返事が返ってきます。何度かやり取りするうちに同じようにメッセージサービスを使おうという提案が来ます。メッセージサービスで何度かやり取りしているうちに「もう別のパートナーが見つかった」として音信不通になります。手元にはメッセージサービスから来た数万円の請求書だけが残ります。

　例として挙げた芸能人を語った詐欺は立件され、被害総額は数億円であることが明らかになりました。

対応方法

　見ず知らずの人を性的なパートナーに選ぶというのは冷静に考えてあり得ない話です。迷惑メールについては迷惑メール相談センターなどに相談するとよいでしょう。

2.1.3 当選メール

　詐欺メールのもう1つの典型的なものが当選メールです。

事例紹介

> **C2** パソコンに「当選したので200万円を振り込む」というメールがきた。このようなメールが来ないようにすることはできないか
>
> **C8** 宝くじサイトに数字を入力して送ったところ、「当選した」というメールが届くようになった。送らないようメールをしても止まらない

　架空の懸賞が「当たった」というメールを送り、振込手数料としてお金をだまし取る詐欺の一種です。10万円というメールもあれば1000万円というメールもあります。当たったので登録せよという誘導があり、そこから名前や住所などを入力すると、その後言葉巧みに「振込手数料を支払ってほしい」と案内されます。もちろん懸賞は架空ですから、振込手数料を支払ったところで入金されるはずもなく、その後連絡が取れなくなります。

　この手のメールは1通だけではなく、数日たつと「応募期限はあと3日です」、また翌日には「あと2日しかありません」、そしてさらに翌日には「明日締切です！」などと、期限が迫っ

第11章 ネットトラブル　コミュニケーションに関するトラブル

ていることを装ったあおりのメールも送ってきます。もちろん詐欺のメールですから騙されてはいけません。

> **対応方法**
> いきなり高額のお金を振り込んでくれるなどいう話は冷静に考えてあり得ない話です。迷惑メールについては迷惑メール相談センターなどに相談するとよいでしょう。

2.1.4 宣伝・広告のメール

犯罪への誘導ではなく、単純に商品や商店の宣伝のメールが大量に届くことがあります。2008年に法律が制定され、同意のないメールの送信には一定の規制がかけられています。

> **事例紹介**
> **P14** 宣伝・広告のメールがたくさん届いて迷惑である
> **C4** 交通情報のサイトに登録した翌日からいろいろなサイトからメールが届く。入会して8日以内は退会できないと記載があるのも不信だ

あるネットショッピングモールでは、1つ買物しただけでモールからのお知らせ、関連商品のお知らせ、買い物をした店舗からのお知らせ、特売情報など複数のメールが送られてくるような誘導が仕掛けられていることがあります。モールで買い物をした際に、最後の確認画面に「以後、この関連のメールを受け取りますか？」という確認のチェックボックスがついています。既定値でチェックが入っているので、うっかりチェックを外し忘れると翌日からメールが大量に送り付けられてきます。同様にメルマガを1つ購読したらメルマガ発行会社が発行する複数のメルマガが一緒に送られてきて毎日何通ものメールをうけとるようになったとか、ISPに加入したらISPのありとあらゆるサービスからメールが送られてきた、などという話もありました。

2008年に特定電子メールの送信の適正化等に関する法律（迷惑メール防止法）が制定され、送信者の氏名などの表示義務、同意のないものに対しての送付の禁止などが定められました。

罰則もあるため単純な宣伝メールは減る傾向にあります。ただし既定値でメール送信に同意するというところにチェックを入れて買い物をさせるなどのサービスはまだあり、うっかりチェックを外し忘れたために毎日不要なメールが届くという迷惑な行為は繰り返されています。

> **対応方法**
> 宣伝メールにはメール拒否のための案内が義務付けられています。案内から手順を踏んで手続きをすればメールは送られてきません。ただし、それがわかりづらかったり案内がなかったりすれば法律違反です。迷惑メールについては迷惑メール相談センターなどに相談するとよいでしょう。

2.2 SNSやオークション等を利用した詐欺誘導

スパムメールのように一方的に送り付けてくるものではなく、コミュニケーションの中から詐欺に誘導するトラブルがあります。

事例紹介

> **P8** オークションで落札できなかったが、出品者からメールで直接取引を持ちかけられた

見ず知らずの人と知り合えるというのはインターネットの特長です。時には自分の人脈を大いに広げ、人生を豊かにしてくれます。近年ではインターネットの出会いがきっかけで結婚にまで至ったという話は珍しくなくなりました。

そのネットで知り合えたということを利用した詐欺が詐欺誘導です。オークションや交流サイトなどである程度の信頼関係を築いたうえで、詐欺用サイトに誘導します。信頼関係があるのでひっかかってしまう可能性も高くなります。

またオークションなどの取引で売主を語ったメールを送り付けてくることもあります。手数料分割り引くからといって、代金をだまし取ろうとします。売主との信頼関係を利用した詐欺です。

対応方法

> 怪しいやり取りに関しては消費者センターなどにアドバイスを受けましょう。詐欺被害にあったら弁護士や警察に相談する必要があります。

3 誘い出し

金銭的な被害とならんで深刻な被害を与えるのが肉体的被害です。

成人であれば自分の判断で、自分で責任を取ることができます。インターネット経由のコミュニケーションで信頼関係ができお互い信頼に足りて現実社会で会う、というのは珍しい話ではありません。ネットでの出会いがきっかけで結婚するカップルも増えています。

問題なのは未成年の場合です。平成24年にSNS(出会い系サイト以外)によって誘い出され、児童買春や強姦等の被害にあった18歳未満の数は男子が38人、女子が1,038人に上ります[1]。

90年代に事件化したある児童ポルノの事件では数十人の児童が被害にあっていることが判明しました。被害にあった子供たちは町中で声をかけられたものもいますが、インターネットの掲示板で「モデル募集」という形で呼びかけに対して応募した児童もいました。

最初は服をきて写真撮影、そして制服で撮影、やがてコスプレになり水着になり下着になり、最後は裸になり性的な動画の撮影に至ります。動画はマニアの間で販売されました。より過激な動画のほうが高く売れるということで動画内容はエスカレートしていきます。

第11章 ネットトラブル　コミュニケーションに関するトラブル

被害にあった子供たちは自分が何をされているのかもわからず、ただ大人の指示に従って演技をしていました。事件化して明らかになったところでは被害にあった子供の最低年齢は8歳、成年もいましたがほとんどが14歳以下の児童でした。被害にあった子供たちは、最初は何をされているのか理解していません。しかし成長するにつれ自分がされたことの意味を知り、精神の安定を崩すもの、自殺してしまうものなども出ています。

この事件の絶望的なところですが、親がお金欲しさに子供を出演させたということまで判明しています。

現在でもこの手口を模倣した事件が後を絶ちません。「モデル募集」と銘打って、最初はモデルらしい撮影会などをしていきます。だんだん要求が過激になり、時には親にお金を握らせて、子供を罠にはめていきます。相手はその手のプロですから、小さい子供が抵抗することは不可能です。

友達の友達の友達は米国大統領かもしれません、でもその逆にとんでもない犯罪者なのかもしれないということを常に自覚し、自らの安全ももちろんですが、家族、特に子供たちの安全を守らなくてはいけません。

誘い出しに関して以下、事例を紹介します。

3.1.1　SNSでの誘い出し

誘い出しの典型例がSNS経由での誘い出しです。

事例紹介
- **A14** 出会い系サイトで知り合った人からの性的脅迫
- **A15** プロフやコミュニティサイトで知り合った人からの誘い出し・脅迫

SNSはプロフィールを中心にしたつながりです（第8章参照）。そのため相手がどんな人かというのがわかります。そのため誘い出す側としては相手のことをある程度選別できます。また日々更新される記事などでどんな嗜好なのか、どこが行動範囲なのかも知ることが可能です。

SNSのプロフィールは任意で作れますから、嘘のプロフィールをつくことも可能です。適当な美男子の顔写真をはりつけ、お金持ちでさわやかな青年を演じることもできます。中年男性が可憐な女子大生を演じることも可能でしょう。実際大手SNSでは台湾のモデルの写真を勝手に利用したプロフィールや、読者モデルやマイナーな女優の顔写真を利用した偽プロフィールが沢山あります。これらの偽プロフィールのプロフィール写真を検索エンジンの「画像検索」で調べてみてください。しっかりと「元の画像」が出てきます。

SNSは友達関係をより強固にする働きがあります。お互いの日常の模様を好感し、評価しあいます。自分の行動や自分の感動したことに共感してくれる人に対しては、今まで以上の親密性を感じるようになります。そしてある程度親密性が確保できた段階で、誘い出しが行われます。

成人であれば自分自身で判断し、自分で責任をとれます。成人は色々な経験を積んでいます

から、ある程度の危険を察知することが可能です。

　しかし未成年は危険を察知することはできません。大人が見て「明らかに怪しい」という相手でも、相手のいうままに誘い出されてしまいます。ケーキをおごるよ、とか、一緒にゲームをしようなどの文句で誘い出されてしまいます。ある小学生がSNS経由で誘い出された事件では、ゲームで仲良くなった成人男性が小学生を「ケーキを一緒に食べよう」といって誘い出し、約束の時間に校門の前に車を横づけし下校途中の子供を連れまわしたというものもありました。子供に何事もなく本当にケーキを食べただけで帰ってきたとのことですが、同様な事犯は数多く存在します。

　もし子供が誘い出されたら親が一緒についていけば大丈夫だろう、ということもありません。ある事例では親も一緒に無理やり拉致されたという事例もあります。

　2003年に「インターネット異性紹介事業を利用して児童を誘引する行為の規制等に関する法律」（出会い系サイト規制法）が制定され、出会い専門（インターネット異性紹介事業）は規制を受けました。その影響で普通に私たちが利用しているSNSが誘い出しの場になってしまっています。

　SNSは友達関係を広げ、親密さを強固にする一方、このような危険性もあることを認識する必要があります。

対応方法

　SNSは現実社会の友達同士のつながりを強固にするものというのが利用の原則です。趣味コミュニティなどを通じて見知らぬ他人と友達になることもあります。そのような見知らぬ他人との交流は大人になってから、自分で善悪を見極められるようになってから自らの責任で行いましょう。

　子どもに対してはSNSなど見知らぬ他人と出会える場を利用させてはいけません。ウイルス対策ソフトのフィルタリング機能を使う、もしくはフィルタリング専用ソフトを利用し、交流の場へのアクセスを遮断しましょう。

　また日頃から子供と会話し、何かあった時に常に相談してもらえるような信頼関係を気づくことが大切です。

3.1.2　ゲームサイトでの誘い出し

　SNSにならび、誘い出しのルートとして多いのがゲームサイトです。

　出会い系サイト規制法により、単純な出会いを目的としたサイトは規制を受けました。それにより未成年が出会い系サイトで誘い出されるという件数は減ったものの、SNSやゲームサイト経由での誘い出しが増えています。

　特に携帯向けゲームサイトは利用者が増えている分、トラブルも増えました。

　ゲームサイトは1人でゲームをさせるようなものではなく、SNSのようにプロフィールサイトをつくります。プロフィールサイトどうして見知らぬ者同士でも仮の友達つながり＝「トモ

第11章 ネットトラブル　コミュニケーションに関するトラブル

ダチ」の関係をつくることが可能です。今自分は何のゲームをやっていて最高点は何点であるかというのをそのトモダチ同士で競い合います。競うだけではなくトモダチの間でアイテムを交換したり、プレゼントしたりすることも可能です。プロフィールに性別や年齢などを載せて公開することも可能です。若い女性で登録すれば多くの男性からトモダチになろうという申請が舞い込むでしょう。

またゲームサイトのメインコンテンツとしてアバターがあります。アバターはネット上に仮想の自分のキャラクターを作るサービスです。肌の色や顔の形、目の形や大きさ、髪型などを自由に組み合わせることができます。また服装やバック、ネックレスや靴なども自由に組み合わせができます。これらアイテムも交換したりプレゼントしたりすることができます。かわいらしいアバターにすれば、なおさら多くのトモダチの申請が舞い込むことになります。

SNSのように人と人のつながりではなく、ゲームやアバター経由のつながりが広がっていくのがゲームサイトの特長です。現実社会での人間関係とはまったく関係のない、ランダムな関係がひろがっていきます。

ゲームだけの関係だと割り切れるのは大人だけです。社会の危険性を理解していない子供はゲームサイトで知り合った見知らぬ大人、ひょっとして子供のふりをしているかもしれない大人に誘い出されてしまいます。携帯向けサイトだけではなく、ゲーム機などにも交流の機能がついたものがあります。

子どもとよく会話し、現実社会の友達以外から誘いがないかどうかを察してあげるのも大人の責任の1つといえます。

対応方法

交流機能のついたネットゲームなどを子どもに使わせないというのが一番の安全策です。しかし、中学生以上になれば携帯電話を持ち、友達同士でゲームをやりたいというニーズも増えてきます。その際、実際の友達以外とは交流しないということを約束しましょう。

また定期的に携帯電話をチェックし、ゲームのミニメールなどで不審者からの誘い出しがないかをチェックすることも重要です。もし不審者からの誘い出しがあったら、親や教師、カウンセラーなどにすぐに相談するように子供と約束をしましょう。

3.1.3 ネットで誘い出し暴行

誘い出しの被害は性的暴行だけではありません。

事例紹介

A16 掲示板への投稿から個人情報を特定され、暴行行為に発展

SNSやミニブログでは自由に情報を発信することが可能です。見ず知らずの人の悪口を書くこともできます。しかし世間は狭く、悪口はほぼ間違いなく相手に見られてしまいます。

ネット上の論争になることもありますが、子供同士では実際の喧嘩となり、暴行・傷害事件

に発展したことがあります。

あるアマチュア野球の試合の後、相手のピッチャーの悪口をSNSに書き込んだところ、それが相手チームにみられてしまい、集団暴行を受けたという事件があります。

> **対応方法**
> SNSでは自分のプロフィールを隠していても、行動範囲や言葉、友達関係から誰が書いたかというのがわかってしまいます。友達だけに書いたつもりが、友達の友達とつながって相手に届くということを自覚しましょう。

3.1.4　宗教などの勧誘活動

金銭的・肉体的被害の他に、宗教などの勧誘活動も見受けられます。

SNSは人と人のつながりを強化する力があります。SNSで美人の顔写真・若い年齢のプロフィールを張り、多くの男性とランダムにトモダチ関係になっているものがあります。中には美人な企業家で、自分のお店や自分のプロデュースした商品をアピールするために多くのトモダチ関係を持つという人もいます。

しかし、中には宗教の勧誘活動の一環として行っているものもあります。手口は巧妙で、ヨガセミナーやカレーセミナー、キムチのつけ方やお茶の入れ方などのカルチャー的な集いをイベントとしてSNSに追加し、美人のプロフィールを持つ人から「トモダチ」に対して誘いのメッセージが届きます。

最初はちゃんとしたイベントとして進んでいます。何度かイベントに参加していると、やがて合宿と称して遠方につれていかれます。合宿ではさまざまなイベントがあり不眠不休にさせられます。不眠不休で判断能力が落ちたところで洗脳されてしまいます。

手口は年々巧妙化しています。より気軽に、より安心して参加できるような仕掛けがはりめぐらされているので、宗教のダミー団体が主催しているというのを見破ることは不可能でしょう。

> **対応方法**
> SNSでやたらと親切にしてくる赤の他人には要注意です。おいしい話にはわけがあるという社会常識を身に着け、誘いに安易にのらないことが重要です。

4　不適切な情報発信

コミュニケーションに関するトラブルで悪意のある第三者からの犯罪などへの誘導以外に深刻なのは、自ら発信した情報によってトラブルに巻き込まれることです。

発信した情報は非難の対象となり、いわゆる「炎上」と呼ばれる不特定多数によるネットいじめにつながります。炎上の具体的な例は第12章から紹介します。

第11章　ネットトラブル　コミュニケーションに関するトラブル

4.1　犯罪予告・犯罪告白

4.1.1　犯罪予告
不適切な情報発信で犯罪にあたるのが犯罪予告です

事例紹介

P21 ホームページに人を殺す、爆弾を仕掛けたなどの犯行予告が書かれていた

A19 児童に危害を加えるという犯行予告

　インターネットの掲示板やミニブログなどで「爆弾をしかけた」、「駅で無差別殺人をする」などの犯罪予告が書き込まれることがあります。そのほとんどがいたずらで、実際爆弾がしかけられたり殺人が行われたりした例というのは見つけるのが難しいです。しかし、爆弾を仕掛けられたといわれた建物の管理者や殺人予告をされた駅の管理者などにとっては深刻です。警備強化や爆弾捜索などの負担がかかります。犯罪予告は業務妨害にあたります。ちょっとした出来心でも逮捕・起訴されてしまいます。

　なお、最近ではパソコンの遠隔操作の機能をつかって、他人のパソコンを乗っ取り、勝手に犯罪予告を書き込むという犯罪もありました。もし警察などに呼ばれ、犯罪予告をしたかと問われたとき、身に覚えがなければきっぱりと否定しましょう。2012年には警察の取り調べ中の強迫に屈し、やってもいない犯罪をやったといってしまった青年がいました。警察の訊問は巧妙です。自白頼りの日本の司法制度にも問題がありますが、やっていないならやっていないといい切る勇気を持ちましょう。

対応方法

　犯罪予告を見つけたら警察（110番）に通報しましょう。また自らいたずらで書き込まないことはもちろん、もし子供がいれば子供にもそのようなことをさせないような監督責任が生じます。
　逆に遠隔操作などでやってもいない罪に問われるという可能性もあります。もし身に覚えのないことであれば、きっぱりと否定しましょう。

4.1.2　自殺予告・自殺の呼びかけ
不適切な情報発信でもっとも緊急性が伴うのが自殺予告・自殺の呼びかけです。

事例紹介

P22 ホームページに自殺の予告や自殺を呼びかける書き込みを見つけた

　インターネットの掲示板やSNSなどに「今から自殺する」という予告が書き込まれることがあります。犯罪予告がいたずらであることが多いのに対して、自殺の予告はある割合で実際に

自殺してしまいます。もし自殺予告を見つけたらすぐに警察（110番）に通報しましょう。

さらに深刻なのが集団での自殺を呼びかけるサイトの存在です。一人で死ぬのはこわいからみんなで一緒に。そう誘って複数人で集団自殺をしてしまいます。一時期は社会問題化しました。このようなサイトを見つけた場合もすぐに警察に通報し、対応してもらいましょう。

> **対応方法**
>
> 自殺予告や自殺の呼びかけは「いたずら」であることもありますが、ある割合で本当の予告でもあります。見つけ次第すぐ警察（110番）に通報し対応してもらいましょう。緊急を要しないようなものであれば、都道府県警察サイバー犯罪相談窓口などへ相談するのも手段の1つです。

4.1.3 犯罪告白

法に触れるようなことをしたことを武勇伝的に書き込んでしまうトラブルです。

万引きをした、ものを壊した、キセルをしたなど、明らかな犯罪の痕跡をネット上で公開してしまえば、誰かが警察などに連絡し、最悪の場合で逮捕・起訴されます。飲酒運転をした、脱法ドラッグを吸引したなど、重大な犯罪であれば間違いなく警察沙汰になります。他にも未成年による飲酒・喫煙なども違法行為です。

犯罪をしてもネットで書かなければいいというわけではありません。余計なことを書いて余計なトラブルに巻き込まれるのは避けましょう。

特に大学生の飲酒や喫煙などは法律的には許されていません。大学生であればそのあたりの判断は自分でしてください。

> **対応方法**
>
> 法を守り社会秩序の安定に寄与しましょう。もし法に触れるような行為をしたのなら、相応の処分を受ける必要があります。

4.2 不道徳な言動

法に触れないとしても不道徳な行為がトラブルを起こすこともあります

食事を粗末にする、宗教的なタブーを犯す、TPOをわきまえない悪ふざけをするなど、法に触れないまでも道徳的に問題のある行動、その証拠写真や動画などをインターネット掲示板やSNSなどで公開してしまえば、不道徳であるという非難が殺到します。

飲食店などで客である立場を利用して従業員へ不当な要求をする、公共空間を占有する、他人に対する侮辱的な発言をするなどです。

また異文化や宗教的な配慮、マイノリティや社会的弱者などへの配慮も必要です。他人の尊厳を尊重し、社会のよき一員として行動しましょう。

第11章 ネットトラブル　コミュニケーションに関するトラブル

> **対応方法**
> 道徳心を持ち、社会のよき一員となりましょう。発言が誰かを傷つけているかもしれないという配慮が必要です。

4.3 偽情報（デマ）

不適切な情報としてデマの拡散もあります。

デマの流布量は「流布量∝関心度合い×あいまいさ」という式で表されます。第8章で紹介した取り付け騒ぎなども電話などでデマが広がりました。インターネットが普及し、インターネット経由でのデマの広がりも増えています。

近年では福島第一原発事故に関連するあいまいな情報が飛び交っています。どちらが正しくどちらがデマかというのは科学的知識・医学的知識がなければ判断できませんが、明らかにデマであるという情報も飛び交うようになりました。中には政治的な意図を持って、反対勢力を追い落とすために放射能に対するデマを流布するものもいます。

自らデマに惑わされないことも重要です。そしてSNSやミニブログでデマの広がりに手を貸さないようにしましょう。

> **対応方法**
> 重要な事柄は複数の情報源に当たることが大切です。多角的な見方をし、事実を確認しましょう。

4.4 いじめ・嫌がらせ

ネット経由でのいじめ・嫌がらせの事例です

> **事例紹介**
> P20　ホームページに自分の個人情報を掲載された
> A1　学校裏サイトでの誹謗中傷
> A2　プロフ（自己紹介サイト）でのいじめ
> A3　メールによるいじめ
> A4　なりすまし投稿によるいじめ
> A20　掲示板で特定の個人にいやがらせ

インターネットでは自由に発言することができます。有益な情報や賞賛もありますが、いやがらせや名誉毀損、いじめなどもあります。名誉毀損は刑法第二百三十条にあるとおり懲役・

禁固や罰金などが科せられます。ネット上で名誉毀損をされた場合はすぐに弁護士に相談し対応してもらいましょう（第5章参照）。

　また特定の知り合いによる嫌がらせ、いわゆるネットいじめというものもあります。ネットというよりも現実社会での人間関係によるトラブルが遠因であることが多いです。学生であればカウンセラー（保健室）などに相談し、現実社会での人間関係のトラブルを解消することも重要です。

対応方法

　不特定多数からのいじめ、いわゆる炎上は弁護士に相談して法的な解決を探りましょう。知り合いからのいじめは、カウンセラーなどに相談し、現実社会での解決を図ることが重要です。

【引用】
[1]　警察庁「平成２４年中の出会い系サイト等に起因する事犯の検挙状況について」

【参考文献】
- 警察庁　『インターネットトラブル』
  http://www.npa.go.jp/nettrouble/index.htm
- 総務省　『インターネットトラブル事例集』　2009年
- 消費者庁・国民生活センター　『インターネットトラブル』

第12章 炎上の過程と炎上事例

炎上とは不特定多数からの「ネットいじめ」です。本章ではどのような事例が炎上につながるかを解説します。

1 炎上とは

炎上とは、「サイト管理者の想定を大幅に超え、批判や誹謗中傷が殺到すること」です。インターネット上のWebサイトやブログ・SNSなど個人や法人が管理するコミュニケーションサイトに対して不特定多数から多数の嫌がらせコメントが書き込まれることを炎上といいます。

炎上という言葉を広辞苑[1]で引いてみると

> 1 《古くは「えんしょう」》火が燃え上がること。特に、大きな建造物が火事で焼けること。「タンカーが―する」
> 2 （比喩的に）野球で、投手が打たれて大量に点を取られること。「救援投手―5失点」

と出てきます。そして3番目に

> 3 （比喩的に）インターネット上のブログなどでの失言に対し、批判や中傷の投稿が多数届くこと。また、批判が集中してそのサイトが閉鎖に追い込まれること。祭り。

と、インターネットトラブルとしての炎上が出てきます

1.1 炎上の語源

もともと炎上は大きな建物などが火事で焼けることを意味しています。消防技術が発達していなかったころ、火事はいったん発生すると手が付けられないものでした。目の前で生命や財産が失われていくのをただ見ているだけです。江戸時代にも「大火」とよばれた大火事が何度も起きています。

自ら状況をコントロールすることができないという意味が野球での炎上の意味につながります。野球における炎上とは、投手が滅多打ちにあうことを「炎上」といいます。相手側からの

表現としては「打線に火が付く」ともいいますし「打線が爆発する」ということもあります。同様に炎上を抑えるための救援投手のことを「火消し役」といったりもします。投手が相手打線を抑えることができず、状況をコントロールできない様を表しています。

「コントロールができない状況」をインターネットの世界に転用したのがネットにおける「炎上」です。インターネット上で批判を浴び、その批判を止められないこと、状況をコントロールすることができず批判を浴びて精神的な被害にあうことを指します。炎上もしくはネット炎上といいます。

1.2 炎上の変遷

1.2.1 炎上の初出

炎上という言葉がネットの騒動に応用された初出は確認されておらず、諸説あります。インターネットが普及する前の1990年代前半は利用者数も限定されていました。批判や誹謗中傷もありましたが、誰が誰を攻撃しているか推察することがほぼ可能でした。不特定多数から滅多打ちにされるということがないため、ただの「喧嘩」、「誹謗中傷」と捉えられていました。

当時のオンラインコミュニティの主流であったパソコン通信でも同様です。パソコン通信は管理者がいるため、不特定多数からの攻撃はコントロールできるものでした。また発信者の特定が容易であったために誹謗中傷があっても法的対応が可能でした。パソコン通信では「喧嘩はネットの花」ともいわれていました。様々な価値観同士がぶつかり、議論することは有意義であるとして捉えられていました。

1.2.2 喧嘩から炎上へ

当時の喧嘩が炎上の様に一方的にならなかった理由の1つが当時の利用者の質の高さです。数十万円のパソコンを買え、数万円の通信費を支払える人はそれなりにお金を持っている人です。さらに、テキストだけで自分の考え方を表現できるとなると知的レベルがそれなりに高い層といえます。実際、所得とパソコンの保有率には相関関係があります。

炎上という言葉自体は1990年代後半から出てきているようです。当時は個人が管理するホームページにある掲示板などに嫌がらせのコメントを載せることを「荒らし」といっていました。荒らされることが止まらないことを、いつしか「炎上している」と表現するようになっています。

また自分が管理していない掲示板で自分に対して誹謗中傷が殺到することも「炎上」と呼ばれるようになりました。特に2ちゃんねるの関連スレッドで批判や誹謗中傷で埋め尽くされることを炎上していると表現されることもありました。

たとえばある政治家が不適切な言動を行った場合、新聞社のニュースサイトなどから記事が引用・転載されたうえでスレッドがたてられ、スレッド内で批判が繰り返されます。2ちゃんねるは管理人もいますし、掲示板群ごとに削除人というボランティアスタッフがいて掲示板群を管理しています。しかし自分の管理下の掲示板で他者が誹謗中傷されていても基本的に放置

第12章 炎上の過程と炎上事例

していました。管理人に対しての誹謗中傷ですら放置しています。2ちゃんねるは議論するプラットフォームだけを提供し内容に関知しないため、低質な議論も繰り返されました。2ちゃんねるがいまだにネットの負の側面として語られるのはこのような内容不感知の方針によるものが大きいです。

1.2.3 ブログやSNSの普及と炎上

2000年代にはいり、ブログやSNSなどが普及しました。個人が無料もしくは手軽に始められる金額で自ら管理するコミュニティサービスを持てるようになりました。気軽に情報を発信でき、多くの人と交流できるようになりました。

その反面、不適切な情報発信によりコミュニティサービスに批判が殺到、もしくは2ちゃんねるの関連スレッドで批判が殺到し「炎上」するようになってしまいました。

1.2.4 炎上は誰がおこすのか

炎上させる側の人はどういった人たちなのだろう、ということは長年多くの推察がされています。

普通の人であるという説もありますが、1つの有力な説として「貧困層」だというものがあります。休職中・失業中で可処分時間が長い人たちだという説です。

ネットで人気のあった政治家が、生活保護の金額引き下げに言及しただけで炎上したという事例もありました。現実社会で満たされないという鬱憤をネット上で晴らしているといえるかもしれません。

ある大規模な炎上事件の資料を見たことがあります。その中で注目すべきは、その炎上事件を引き起こしたサイトに張ってあった広告から売れた商品です。「成人男性向けの性教育」、「児童ポルノ」、「アイドルの写真集」などでした。

世の中には自分の努力だけではどうしようもできない境遇の人がたくさんいます。チャンスを逃し、悲惨な境遇にさらされている人もいます。いまは携帯も普及し、どんな人でもネットを見ることができる時代です。炎上は誰が起こしているかということは検証の最中ですが、ディスプレイの向こう側には自らの境遇をどうすることもできない人たちがいるということを心に留めておきましょう。

1.3 なぜ炎上は起こるのか

炎上はまったく生産性のない行為です。行為としては「相手を貶めて喜ぶ」ということだけです。それでもなお定期的に発生します。生産性のない行為ですが、不適切な言動をしたものに対して懲罰を与えるという錯覚を起こすことが「快楽」であると捉えられています。日頃のうっぷんを晴らす場として炎上が利用されています。

炎上をわかりやすく一言で表すなら「非リア充によるリア充いじめ」ともいえるでしょう。嫉妬心は相手への攻撃の根源となるからです。

炎上させられる相手がリア充であればリア充であるほど、いじめがいがあります。会社の正社員・公務員などの安定職業、これから正社員や公務員になって安定した生活ができると思われている大学生、特に有名大学の大学生などは高ターゲットです。

美男美女で恋人がいるというだけでも嫉妬の対象となります。炎上させられたことで彼女と別れてしまったという境遇は非リア充にとって快楽以外の何物でもありません。

誰とでもつながってしまうインターネットで情報発信する以上、そんな人もいるのだと常日頃から配慮する必要があります。

1.3.1　グループ討議と集団極性化（サイバーカスケード）

ネットの特性について米国の憲法学者キャス・サンスティーンはネットで討議しているグループが極端な行動をとってしまうことを「サイバーカスケード[2]」と名付けました。

もともと社会心理学の用語として「グループ討議（groupthink）」と「集団極性化（group polarization）」という言葉があります。グループで討議し合意を得ようとした場合、極端な意見が採用されやすくなり（リスキーシフト：risky shift）、そしてその集団は「敵」がいる場合、敵に対して攻撃的になるというものです。

対象となった実験では、白人の若者同士で討議させました。その白人の若者に対して、白人が他のある人種から攻撃されているという情報を与えると、その若者たちは他のある人種に対して攻撃的な結論に至りました。そのような討議を「グループ討議」、敵に対して攻撃的な結論に至ることを「集団極性化」といいます。

インターネットはたくさん情報が溢れています。自ら心地よい情報だけを抽出し、同質な考え方の人だけで討議することも可能です。「選択的接触」といいます。

同質な人が集まった空間・コミュニティを「島宇宙」と呼ぶこともあります。島宇宙で議論されると、より「攻撃的」でより「極端」な意見にシフトしていきます。そしてあるとき集団極性化を起こしてしまいます。ネット上のコミュニティがまるで滝（カスケード）が流れ落ちるような極端な変化が起きる現象をキャスは「サイバーカスケード」と名付けました。

世の中には色々な人がいます。同質な人がネット上で集まり「島宇宙」を作っています。島宇宙は「敵」である恵まれた人に対して攻撃的で極端な行動に走る傾向があります。

あなたが不用意に発したことが、その「島宇宙」の中では不愉快なものとして捉えられるかもしれません。あなたが「敵」であると認定されれば、あなたが駆逐されるまで島宇宙からの攻撃はやむことはないでしょう。

1.4　炎上フロー

炎上に至り、その後の収束までに至るフローは以下の通りです

1.4.1　ブログ・ミニブログや SNS で不適切な情報発信をする。

ブログやミニブログ・SNS で犯罪をにおわす記事を書く、食べ物を粗末にするなどの不道徳

第12章 炎上の過程と炎上事例

な行為を書く、また自ら書かなくてもウイルス感染によって不適切な情報が漏えいするなどして、その人に対する注目が高まります。

不適切な例は次節にて詳細を紹介します。

1.4.2 検証過程

不適切な情報が出たからといってすぐに炎上するわけではありません。炎上の前に検証の過程が入ります。

たとえばサイト管理者が意図的に不適切な情報を流し、わざと注目を集めようとすることがあります。「釣り」と呼ばれていている手法で、一部では「炎上マーケティング」ともいわれています。うそに騙されないよう、様々な検証が入ります。

そもそもその情報が真実であるかというのが一番重要です。「万引きしました」と一言書いてあっても証拠がないので批判することはできません。「今日学校の食堂で焼きそばパンを万引きした」ということであれば、その学校に食堂があるか、食堂があるのなら焼きそばパンは販売されているか、過去のその人の発信を検証し、万引きをしても不思議ではないような人であるか、過去に同様の不適切な行動をしていないか、などが検証されます。

どうもその人は高校生で、同じ学校に通っている人も食堂で食事をし、焼きそばが万引きできるような状態で売られている。しかも他にも不道徳な行動が目立ち、どうも万引きしたのは間違いないようだ、となれば炎上予備軍となります。

検証過程において万引きをしていなくて別の隠語として使っていたとか、過去に万引きをした事実がなく、どうやら割安で買ったことを自慢しようとして万引きしたとかいた、とか、そもそもそんな学校や人物が存在しなかったということであれば、そのまま収束します。

1.4.3 人物像の吟味

検証過程で炎上するに値しない人であると判断された場合もあります。善行を積んだ善人というよりは、あまりにどうしょうもなさ過ぎて炎上させる価値すらないと判断される場合です。

逆に高学歴・安定した高収入・美人やイケメンなどいわゆる「リア充」は格好のターゲットとなります。非リア充にとっては引きずりおろすことが快感だからです。

自分はただの大学生だから安心というわけにはいきません。大学生は正社員予備軍であり、非リア充にとっては引きずりおろしたい相手です。中にはいろいろな事情で大学に行けず、悔しい思いをしている方もいます。大学生は自分は恵まれている環境であるというのを自覚し、社会のいろいろな人に配慮をしましょう。

1.4.4 まとめ・編集

どうやら本当らしいということになれば、その人が出した情報から本人を特定するようなまとめ・編集の過程にはいります。本人のプロフィール（名前や所属）、不適切な情報を発信するに至った過程（アルバイト先での悪ふざけ、など）などです。これら情報をWikiやブログなど使って編集することもあります。

炎上は1つのエンターテイメントとしてネットで楽しまれる傾向があります。その人が過去に発してきた様々な情報のうち、他人の怒りを買うような情報を巧妙にまとめ、まるで大悪人のような編集をされて公開されます。

もちろん個人のプライバシーを承諾なくネットでさらすことは違法です。プロフィールや顔写真・名前や所属はたとえどこかで公開されていたとしても無断転載は許されるものではありません。また事実の公表であってもその人の評判を貶める意図があれば名誉毀損が成立します。もしあなたが被害にあったとしたら、プライバシー侵害や名誉毀損として法的手続きを行いましょう。

1.4.5 炎上

不適切なことがどうやら本当らしい。そして炎上するに値する人物で、それら不適切なことが見やすいようにまとめられる、となると炎上が始まります。ブログやミニブログ・SNSなどに不特定多数からの批判コメントが殺到し、いわゆる「荒れた」状態になります。

大学生であれば大学や内定先に抗議の電話を掛けられることもあります。本人の行動が法律的・道徳的に問題あれば内定取り消しや停学処分になることもあります。法に触れる行為であれば逮捕されることもあります。

ただし、その学校や企業に対して抗議の電話をしようと不特定に呼びかけることは学校や企業に対する威力業務妨害にあたります。そのような行為があった場合は法的手続きを行いましょう。

また、ヒステリックになった人が大学や企業などに執拗に何度も電話をしてくるケースもあります。その場合も威力業務妨害として法的手続きするほかありません。

名誉を毀損するような書き込みがあれば名誉毀損として法的手続きをしましょう。

1.4.6 炎上のその後

炎上は1週間から2週間程度で終わってしまいます。炎上はあちこちで定期的に起こるため、次の騒動があればみなそちらにいってしまうからです。

しかし「粘着」と呼ばれる何年も攻撃してくる人がいます。最近のSNSではそういう粘着するひとをブロックする機能がついていますので、ブロックしてあげてお互い関わらないというのも1つの手段です。いちいち反応したところで「寂しい相手」を喜ばすことになるだけなので、不快な相手は早々にブロックしてしまいましょう。また相手が精神的に疾患を持っているような場合は相手をしたとしても時間の無駄です。ブロックしてしまうのがお互いのためです。

それでもなおしつこい場合は弁護士に相談し、法的手続きを行いましょう。ブログのコメント欄に過去のことをかいて名誉を貶めようとしているならば名誉毀損が成り立ちます。公人でないかぎり、事実を書き込まれたとしても名誉を貶めようという意図があれば名誉毀損はなりたちます。

第12章 炎上の過程と炎上事例

2 不適切情報とは

炎上を引き起こすような不適切情報とはどんなものでしょうか。炎上例はある程度パターン化しています。頭に入れておいて、無用なトラブルに巻き込まれないようにしましょう（注：忘れられる権利（第5章参照）もあるので事例は一部内容を変更して紹介しています）。

2.1 触法行為

触法行為＝犯罪の模様を描いてしまえば当然のごとく批判が殺到します。器物破損や建造物への不法侵入、万引き（窃盗）、キセル（詐欺）、麻薬（脱法ドラッグも含む）などはもちろん、スピード違反や駐車違反などの道交法違反なども炎上のターゲットとなります。

重大な犯罪であれば警察が動きますが見逃されがちなグレーゾーンの犯罪は「警察を動かしてやった」と炎上させる側に満足感を与えてしまうため、犯罪内容が軽ければ軽いほど炎上しやすくなります。

2.1.1 未成年飲酒・喫煙

最も典型的な炎上例が「未成年飲酒・喫煙」です。大学生にもなればコンパなどでお酒を飲む機会も増えます。タバコを吸っていても誰からもとがめられません。

大学生にもなればお酒ぐらい飲む、タバコぐらい吸うと以前は社会的に容認されていたのも事実です。しかし芸能人やプロスポーツ選手が未成年なのにもかかわらず飲酒や喫煙で週刊誌にバッシングされました。ある芸能人は飲酒・喫煙のスキャンダルが原因で引退に追い込まれています。また飲酒を原因とした交通事故が社会的に問題となり、飲酒への社会的な目も厳しくなっています。大学生なら許されて働いている未成年は許されないのか！ という批判はまったくその通りです。

特に4月の新入生歓迎シーズンは要注意です。未成年が上級生に交じってお酒を目の前にする機会も増えます。宴会の席で写真をとったとき、席替えで人が飲んでいたビールが自分の前にあり、あたかも自分が飲んでいるような写真が撮れてしまうことがあります。それをネットで公開すれば「未成年飲酒だ！」と誤解されて批判されるでしょう。また宴会の雰囲気が盛り上がったのを「みんな酔っぱらった」などと書けば、自分が酔っぱらっているような誤解も生みます。

未成年の飲酒はもちろん違法です。大学生は高校生に比べて自由度が高いです。しかし大学生は何も生み出していない、親のすねをかじっている立場であるということを自覚しましょう。まだまだ社会の一員として一人前ではありません。自分で自分の立場をよく考えてふるまうことが重要です。

2.1.2 犯罪自慢

大学生や社会人になると高校生と違って時間的にも社会的に自由な部分が増えます。いろい

2 不適切情報とは

ろな悪ふざけをする機会も増えるでしょう。

特に大学生は失敗するのも仕事のうちです。社会人になってしまえば許されないような悪ふざけも大学生だからといって容認する雰囲気があるのも事実です。

しかし法を犯していいはずはありません。器物破損やキセル（詐欺罪）などを自慢げにネットで公開すれば批判が殺到するのは当り前です。普段入り込めないような場所に「冒険」するようなこともあるでしょう。そこが立ち入り禁止、もしくは私有地であれば立派な「不法侵入罪」です。同様に喧嘩をして勝ったと自慢しても暴行罪で告発されるかもしれません。

自由であることは自己管理ができることが前提です。法令を順守し、危険なことや悪ふざけをして自慢するのは慎みましょう。

2.1.3 守秘義務違反

高校生や大学生になればアルバイトをする学生も増えます。社会人になれば企業などに所属して業務をこなすことになります。

働いているといろいろな秘密に接することがあります。携帯電話の新機種の発売日程やスペック、門外不出の接客マニュアル、秘伝のレシピなどです。同様に多くの個人情報に触れることもあります。これらを会社の許可なくインターネット上で公開してしまえば守秘義務違反に問われます。損害が出れば損害賠償の対象になります。大学生だから新入社員だからといって許されるはずがありません。

お客様の情報を漏らすことも守秘義務の範囲内です。誰が来店したとか、誰が何を買ったとかは決して（ネットでも現実社会でも）口外してはいけないことです。まして交際を公開していないカップルの密会デートなどを公開してしまえば、守秘義務違反として厳しく対処されるでしょう。

炎上に至らないまでも、仕事でどこに行ったとか、今日はどこのビルにいるというようなことを公開するのもリスクです。場所をいってしまうことでどんな仕事をしていてどこと交渉しているのかがばれてしまうかもしれません。

守秘義務を意識して、仕事にかかわることをネットで記事にすることはやめましょう。仕事上で知り得た情報をどうしても公開したいのであれば会社の広報に確認する必要があります。

2.1.4 麻薬

大麻や覚せい剤はもちろん、脱法ドラックといわれるハーブなどは利用をしてはいけません。一時期大学生のあいだで大麻や脱法ドラックが流行した時期がありました。利用しないことはもちろんですが、あたかも利用したような記事を公開すれば批判が殺到します。吸引道具を興味半分で購入して、それが写真の一部に映り込むだけでも疑惑の目を向けられるでしょう。

オランダなど大麻などが合法的に吸引できる国もあります。しかし日本人である以上、外国で大麻を購入することは違法です（大麻取締法の第二十四条と刑法第二条）

第12章 炎上の過程と炎上事例

> **大麻取締法　第二十四条の八**
> 第二十四条、第二十四条の二、第二十四条の四、第二十四条の六及び前条の罪は、刑法第二条の例に従う。
>
> **刑法　第二条**
> この法律は、日本国外において次に掲げる罪を犯したすべての者に適用する。

疑惑の目を向けられれば間違いなく警察に通報されます。麻薬や脱法ドラックには一切近づいてはいけません。

2.1.5　触法行為で炎上しないための対応方法

法令を順守し、誤解を招くような自慢話をしないことが重要です。特に飲酒や喫煙に関しては、20歳前後で微妙な時期です。大学生になればお酒を飲むな！　煙草を吸うな！　と口やかましくはいわれません。自由である以上自己管理を徹底し、余計なトラブルに巻き込まれないよう、誤解されるような言動は慎むべきです。

特に大学生は同世代の社会人と比較して自分たちが社会的にまだ何も生み出していない「学生」であることを自覚し、謙虚にふるまいましょう。

2.2　反道徳的行為

犯罪に至らないにしても、道徳的に問題のある内容を公開してしまえば批判が殺到します。インターネットのサービス、特にSNSでは面白い写真や動画を公開すると友達からよい反応を貰えます。もっと面白い画像をとろう、もっと受ける動画をとろうということに歯止めがかからず、道徳的に見て問題のある行為に至ってしまうことがあります。

2.2.1　食べ物を粗末にする

最も典型的な例が食べ物を粗末にした悪ふざけです。

日本人の食に対する衛生意識は非常に高いものがあります。他人の指を伝った汁が鍋にはいっただけでも拒絶反応をしめします。衛生意識・食に対する道徳意識の高さはテレビなどでも食べ物を扱ったときは「その後、スタッフがおいしくいただきました」というテロップが入ることにも表れています。

大学生などはアルバイトで飲食店のお仕事をする機会も増えてきます。人が少ない深夜はアルバイトの学生だけで店を切り盛りするということもあるでしょう。バイト仲間同士の悪ふざけがエスカレートし、お客様の料理に不衛生なことをしたというようなことをネット上に公開してしまえば当然のごとく批判を受けます。腹の立つ客に対して不衛生なものをいれた食事をだしたということを書けば大変な騒動になります。

最悪の場合は飲食店がフランチャイズ契約を打ち切られ、お店が解散してしまうということ

もあり得ます。そうした場合はあなたがその損害を賠償しなければいけません。

食べ物は証拠が残りにくく文字だけでならいい逃げができるかもしれません。しかし最近は携帯で写真や動画をとり、そのままSNSやミニブログなどに投稿できてしまいます。悪ふざけが高じてやってしまったことだとしても他人を不愉快にし、衛生的・道徳的に問題があることは間違いありません。相応の処分は受けるでしょう。

食べ物を粗末にしないというのは当り前ですが、食べ物に関しての悪ふざけも慎みましょう。

2.2.2 社会的弱者の悪口

世の中には社会的弱者がいます。自分の努力では払拭できない弱点があり、コンプレックスを抱えながら生きています。

たとえばつらい病気などはお互いを励ましあうコミュニティがネット上にいくつもできあがっています。もしあなたがその病気に対する偏見や誤解に基づいて悪口をいえば、そのコミュニティから批判が殺到するでしょう。実際ある医大生が病気に対しての偏見を助長するような書き込みを公開して批判が殺到したことがあります。

利き腕もそうです。左利きは社会的には数が少なく、日常生活で不便な思いをさせられています。左利きに関しての社会的偏見も残っています。何の根拠もなく利き腕をばかにするような発言をしたり、偏見を助長するような発言をしたりすれば批判が殺到します。

生活保護を受けている人を蔑んだり、同和地区出身者を中傷したり、身体障碍者を馬鹿にするようなことをいえば、当り前ですが批判されます。

出身地・国籍・病気など、本人の努力だけではどうしようもない社会的な弱者はたくさんいます。弱者に配慮して常に謙虚にふるまいましょう。

2.2.3 犯罪の擁護

知識人などにありがちな炎上例が「犯罪の擁護」です。殺人事件があったとき、過度に犯人に同情的になってしまい被害者を侮辱したり加害者を擁護したりすれば当然のように批判されます。

知識人の中には詭弁を弄して自己顕示欲を満たそうとする人がいます。しかし犯罪は犯罪です。どんな理由があれ法を犯していいという根拠にはなりません。まして犯罪を社会全体のせいにするなど自己の主義主張を正当化する手段として使えば批判されるのは当然です。

2.2.4 民族や宗教的な道徳

世界にはさまざまな民族があり、宗教があります。それぞれの民族にそれぞれの道徳があり、宗教ごとにタブーが存在します。他の民族や宗教のシンボル的なものを侮辱したりや価値観を否定したりすれば当然反撃を食らいます。

たとえばイスラム教徒に豚肉を食べさせたり、ヒンズー教徒に牛肉を食べさせたりなどです。日本の法的には問題なくても彼らにとっては死活問題です。他の肉だといって騙して食べさせたなどと発言すれば大問題になるでしょう。

第12章 炎上の過程と炎上事例

神道や仏教、キリスト教などにもそれぞれタブーがあります。自分の道徳や宗教観を大切にすること、尊重してもらうことも需要です。同様に他者の道徳や宗教観も尊重しなければいけません。

2.2.5 不当な要求

自分の有利な立場を利用して不当な要求を繰り返せば反道徳的だとしてバッシングの対象になります。0円だからといってスマイルを何度も要求する、食べ物の中に異物が入っていたからといって土下座をさせて写真をとって公開するといったことをすれば「不当な要求だと」して批判されます。

個人のみならず企業側が批判されることもあります。いまは就職が厳しく、就職希望者に対して企業が不当な要求をすることがあります。大規模災害が起こったその日に「明日は面接の日だから必ず出席するように」というメールを就職希望者に送ったりすれば、企業姿勢が問われます。実際、東日本大震災の時に似たようなメールを送った会社があり、批判の的となりました。

また就職難をいいことに従業員に過剰な労働をしいたりするいわゆる「ブラック企業」も同様です。弱い相手に対して何でもできるからといって、それを必要以上に行えば批判されます。

2.2.6 反道徳的行為で炎上しないための対応方法

法に触れないまでも社会常識や衛生意識などの道徳的なものは規準があいまいです。法的にまったく問題ないとしても他人を不愉快にさせれば反撃されます。

たとえば卵を踏みつける動画を取ったとしましょう。卵を合法的に購入している以上、それをどう扱おうが所有者の自由です。卵を踏みつけるだけではなく、合意を得て誰かに投げてぶつけるという動画を撮ることは可能です。法的にはまったく問題ありません。

しかし法的にはまったく問題ないというのが炎上を広げる原因となります。動画を見て不愉快に思った人がその人をなんとか「懲罰」したいと思います。ありとあらゆる、しかも相手も合法的な手段を使って嫌がらせをしてきます。

反道徳的な行為をするような人は過去に法に触れるようなことをしているものです。些細な問題をとりあげられて、嫌がらせをしてくるでしょう。

道徳心を持ちましょう、というのは当り前です。自分が行う行為が誰かを不愉快にさせていないかというのに配慮して情報を発信することが重要です。

2.3 間違った知識の知ったかぶり

犯罪・反道徳までにはいかないまでも、間違った知識を知ったかぶり、しかも誰かを貶める意図で発信してしまえば当然反撃されます。

特に大学教員や政治家、医師、弁護士など地位のある人が使ってしまえば格好の揚げ足取りの材料となってしまいます。

2.3.1 推測で専門外のことを話す

典型的な例が推測で専門外のことを話してしまうことです。それも否定的につかってしまうことで炎上のリスクが高くなります。

たとえば野球の専門家がサッカーのことをあまり知識なくしゃべってしまう、しかもサッカーを否定するような言動をすればサッカーファンから反撃されます。

専門家になれば専門家になるほど他のフィールドのことに対して自分の専門知識で分析したくなります。それが当てはまっていればよいですが、専門外のことをあまり知識なしに分析することはお勧めできません。

2.3.2 自己主張を正当化するために使う

自己の主張が正しいのだ、自分を批判する人間は間違っている、そのように主張すれば様々な反発を食らいます。その際に根拠とする考え方が間違っていれば批判の的となるでしょう。

典型的な例が自衛隊の戦車は重すぎて橋を渡れないという主張です。もともと赤旗新聞に載った共産党の主張です。戦車は重量がありすぎて一般の橋が渡れない、いざ戦争となった時に役に立たないという主張で、共産党支持者の間でたびたび見られます。しかしこれは間違いで戦車は普通の橋を渡れます。

自衛隊は違憲であり戦車は不要な存在である、という主張をしたいがばかりに科学的な根拠をまちがって主張してしまえば、当然反撃を食らうでしょう。

2.3.3 放射能に関しての情報

東日本大震災に伴う福島第一原発の事故により、多くの放射性物質が放出されました。自然界には存在しない様々な物質が大量に大気中に放出され、東日本のあちらこちらに降り注いだのは間違いありません。

放射性物質は目に見えないどころか五感でとらえられない微量なものです。自分は大丈夫だろうかと不安になるのは仕方ありません。「放射能は正しく怖がる」のが重要で、過度に楽観する必要もなければ過度に不安になる必要もありません。科学的な根拠を持って怖がる必要があります。

しかしこの不安に乗じて自己顕示欲を満たそうとする人が散見されます。ネット上にある誰かの書き込みを根拠にしてまるで自分が調べたように自慢してしまえば、ただのデマを広めている人扱いされてしまいます。

過度に楽観させるような情報を一方的に信じる必要はありません。同様に過度に不安になるような情報を一方的に信じる必要もありません。複数の情報に接し、客観的で科学的な分析を集め、冷静に「放射能を正しく怖がる」のが重要です。

2.3.4 間違った知識の知ったかぶりで炎上しないための対応方法

世の中にはその道のスペシャリストがいます。専門分野では生半可な知識では太刀打ちでき

第12章 炎上の過程と炎上事例

ません。まして自分の専門外であれば敵うことはできないでしょう。

情報は複数から客観的なものを集める必要があります。特に原発や放射性物質に関する情報は何が正しいのか判断するのが非常に難しい問題です。過度に楽観したり過度に不安になったりする必要はありません。

自らデマを振りまかないことも重要ですが、デマに振り回されず正しい判断することも重要です。

2.4 特定カテゴリーに対する悪口

法的にも問題なく、道徳的にも問題ない、しかも科学的にも間違っていなくても炎上することがあります。それは特定ターゲットに対する悪口です。特に政治・宗教・スポーツなど価値観が分かれるようなものは炎上のネタとなります。

2.4.1 政治ネタ

政治のネタは炎上の鉄板といってもよいでしょう。そもそも政治とは全員が同意できない事項に対して、多数決で決めましょうというプロセスだからです。決着がつかないことを政治闘争によって決めるので政治的な話題はそもそも揉めます。

そもそも揉める話題なので、秘密投票によって議員を選び、議員同士が有権者になり替わって批判を浴びるというのが政治プロセスそのものです。普通の人がうっかり政治的な話題を発信すればそれに反対する人から総攻撃を受けるのは当り前です。

近年では憲法・靖国・尖閣・竹島・TPP・原発の問題が政治課題になっています。これらを安易に論評すれば賛否両論の炎上状態になることは必須です。

あなたが政治家である、もしくは政治的な信念があって発しているなら構いません。むしろ揉めないような話題を発しないような政治家は仕事をしていません。より多くの支持を得るために揉める話題をしなければいけません。

しかしあなたが一般人であるなら政治的な話題をうかつに発信する必要はありません。もし発信したければ揉める覚悟をしたうえで発信しましょう。

2.4.2 宗教ネタ

宗教ネタも揉めるネタです。自らの信仰を持つことは自由です。ただし宗教は絶対的な価値観があり、他の宗派と相いれない場合があります。無宗教や無神論者もいますから、神の偉大さをたたえたとしても、そんなものはいない、そんなことを信じることなんてと批判されるかもしれません。その逆もあり得ます。

宗教的な価値観は議論したところで相手を説得できる問題でもありません。まして相手に自分の価値観を押し付けるものでもありません。

自らの信仰を尊重してもらうためにも他人の信仰（または他人の無信仰）を尊重しましょう。

2.4.3 スポーツネタ

政治・宗教とならんで「他人とうかつに話してはいけない話題」として3Sともいわれるのがスポーツネタです。

スポーツは嗜好の問題です。強い・弱いだけで決まるものではなく、弱いチームだからこそという判官びいきもあります。アンチ巨人というカテゴリーがあったように、強いがゆえにファンとしてのアンチがいることもあります。

そもそもスポーツそのものが人の優秀さを決めるものではありません。人の優劣というものはつけることが出来ないので、ある一定のルールのもと点数をつけて勝ち負けを決めているのがスポーツです。ルールの下で技術の習得度を競っています。

競技である以上、点数によって勝ち負けがあります。負ければ当然くやしいし、ストレスが溜まります。負けた相手に対して勝ったものが侮辱的な言動をすればストレスの発散対象として攻撃されます。国際試合になれば相手国とのあいだでストレスの解消合戦に発展することもあります。特にスポーツを国威発揚の一環として行っているような国は、国を挙げてスポーツの結果に一喜一憂しますから、国際的な批判合戦に発展することがあります。

そこまで至らなくても、学生スポーツなどで負けた相手に対して侮辱的な言動をすれば相手側と無用なトラブルが起こります。

自分もしくは自分のひいきチームが勝ったからといっても敗者への敬意を持ち、過度に勝利を自慢したりするのは控えましょう。

2.4.4 地域の悪口

3Sと並んで炎上しやすい話題が地域の悪口です。日常会話でも相手の故郷の悪口はいってはいけないというのは常識ですが、同様にインターネット上でも他人の出身地の悪口は避ける必要があります。

そもそも出身地は選ぶことができません。そして誰にでも郷土愛があります。自分にとってはワンオブゼムの地域かもしれませんが、相手にとっては唯一無二の故郷です。侮辱されれば黙っていないでしょう。

最近はテレビで地域の風習や名産などを特集する番組も増えました。地域の情報を面白おかしく伝える番組もあります。あくまでバラエティとして楽しむ分にはかまいませんが、自らが道化師となって見知らぬ地域を馬鹿にするようなことを発信すれば批判が殺到します。

2.4.5 趣味嗜好や性癖

いわゆるオタクや性的マイノリティなど、趣味嗜好や性癖に関しての悪口も炎上のもとです。オタクは1980年代後半から1990年代前半にかけてオタクというだけで犯罪者扱いされました。北関東で起きた幼女連続誘拐殺人事件の影響です。2000年代になってITバブルが起きるとやっと市民権を得るようになっていますが、当時のつらさはまだ残っています。性的マイノリティも同様です。特に同性愛は社会的な差別を受けています。

第12章 炎上の過程と炎上事例

オタクや性的マイノリティは法を犯しているわけでも道徳的に反した行動をしているわけではありません。彼ら彼女らに対して「気持ち悪い」などと罵倒すればかなり高い確率で反撃されます。

2.4.6 特定カテゴリーに対する悪口で炎上しないための対応方法

世の中には多様な価値観があります。時にはそれが自分にとって不愉快であることもあります。しかし不愉快であるということをわざわざネットで公開する必要はありません。また価値観の違う相手を嘲笑して相手に不愉快な思いをさせる必要もありません。

自らが尊重されるために他者も尊重しましょう。

2.5 金儲け狙いの提灯記事

2.5.1 金儲け狙いの提灯記事

特に芸能活動をしている人が陥ってしまうトラブルが提灯記事です。提灯記事とは広告記事の1種で、自らのコンテンツの中で広告ということを知らせずに商品の宣伝をすることです。外国ではステルスマーケティングといって法で禁止されています。

高校生や大学生の中には素人モデル・読者モデルとして芸能事務所に所属している人もいます。自己アピールのためにブログやSNSをやらされることもあります。その中で事務所から商品をもらいそのレビューを書くこと依頼されることもあります。

その際、もらったことを隠してあたかも自分の嗜好で買ったように装ってその商品の宣伝をすればステルスマーケティングだといって批判されます。嘘をついて人を騙そうとしていると捉えられるからです。

プロの芸能人も同様です。芸能人はプロモーションの一環としてブログやSNSを利用することがあります。閲覧数も大きいので広告媒体としてはうってつけです。人気の芸能人であれば商品を記事にするだけで数十万円、数百万円の広告費を貰うこともあります。

2.5.2 金儲け狙いの提灯記事で炎上しないための対応方法

芸能人ですから広告宣伝も芸能活動の1つとして許されますが、あたかも自分の好みで買ったかのように装えば、それはファンを騙すことにつながります。ブログやSNSはプロモーションの1つですから、それによってファンを減らすことのないように気を付けましょう。

ペニーオークション詐欺では、複数の芸能人があたかもペニーオークションによって高額な商品を割安で落札したかのような嘘の記事を提灯記事として公開し、社会問題となりました。嘘によってファンをだまし、金銭的な被害に合わせないようにしましょう。

2.6 身分を隠して自組織の擁護

炎上事例の最後は身分を隠しての自組織の擁護です。場合によっては法に触れることもあります。

2.6.1　自社製品の擁護（景表法・優良誤認）

　自社製品というものは誰でも愛着がわくものです。もし自社製品の悪口をネット上でみかけたらつい反論したくなるでしょう。またライバル社が強力な対抗商品をだしてきたら、挙げ足をとってみたくなります。

　過去にある電気製品に関して、特定の社の製品を褒めちぎるブログが炎上したことがあります。あまりに詳しく書きすぎて、その会社の関係者でなければ知らないようなことまで書いてあったために「お前はその会社の関係者だろ」といって批判されました。実際はその会社のファンだったそうですが、会社にも迷惑をかけてしまう結果となりました。

　もしその人がその会社の関係者であれば、身分を隠して自社の製品を擁護すると景品表示法の優良誤認にあたります。法によって処分される可能性があります。

　ブログで褒めちぎるだけではなく、身分を隠して自社や自社製品のSNSサイトに「いいね」をしただけでも優良誤認にあたります。

　法に触れないためには自社の製品に対して「いいね」をしない、記事にしないというのが原則です。どうしてもしたい場合は、自らの所属を明らかにしたうえで行う必要があります。所属を明らかにする以上、所属組織への責任が発生します。自社製品を記事にするには自社の広報等に問い合わせてあらかじめ許可を得ましょう。内容によっては守秘義務違反に問われるかもしれません。法に触れていなくても会社の内規に違反した場合は、会社から処分を受ける可能性もあります。

2.6.2　自社主張の擁護

　特にマスコミの関係者にありがちなトラブルです。マスコミは影響力が多い反面、公共性を問われて批判をされることが多いです。特にテレビは公共性が強いため、公然と批判されます。

　政治的な対立が起こった時はなおさらです。政治の話題自体が炎上する話題ですから、批判が起こるのは当たり前といえるでしょう。

　そうなるとどうしても反論したくなります。その際に自らがマスコミ関係者であることを隠して対立した意見を蔑むような発言をしてしまえば炎上します。隠しているからわからないだろということはありません。交友関係や過去の記事内容、言葉遣いや行動範囲などを調べられ、どうやらあの会社の関係者らしいと推測するのはそれほど難しいことではないからです。また独自ドメインを使っていればwhoisを利用してどこのだれかを簡単につきとめることができます。SNSなどで隠れてやっていても悪意のある知人がいればリークされてしまいます。

2.6.3　自組織擁護で炎上しないための対応方法

　会社組織に所属しているとなかなか自由に発言することはできません。もしどうしても発信したいなら会社の広報などに相談して内容を精査したうえで出さなくてはいけません。

　無用なトラブルを招き、会社に迷惑をかけた上に自分は懲戒、ということにならないようにしましょう。

第12章 炎上の過程と炎上事例

3 まとめ

　炎上は何気ない一言、ちょっとした写真1枚が大変な結果を生み出してしまうことがあります。炎上によって内定取り消しになったり解雇されたりした例もあります。炎上事例を頭に入れ、無用なトラブルを避けましょう。

【引用】

[1] 『広辞苑』　第6版　岩波書店　2008年
[2] 　キャス・サンスティーン（石川幸憲 訳）
　　　『インターネットは民主主義の敵か』（原題は "Republic.com"）　毎日新聞社　2003年

【参考文献】

- 佐伯胖（著），CIEC（編集）『学びとコンピュータハンドブック』　東京電機大学出版局　2008年
- 鈴木謙介　『カーニヴァル化する社会』　講談社現代新書　2005年
- 荻上チキ　『ウェブ炎上―ネット群集の暴走と可能性』　ちくま新書　2007年
- 総務省　法令データ提供サービス e-Gov（イーガブ）
  http://law.e-gov.go.jp/cgi-bin/idxsearch.cgi
- 大麻取締法
  http://law.e-gov.go.jp/htmldata/S23/S23HO124.html
- 宮台真司　『制服少女たちの選択』　講談社　1994年

第13章 炎上の構造と収め方

不適切な情報発信によって炎上してしまうことがあります。炎上は「決着」することでおさまります。本章で炎上の構造を理解し、早期収束させましょう。

1 噂の公式と炎上の公式

オールポートとポストマンは噂の心理的分析を行い

$$噂の流布量 \propto 事柄の重要度 \times 曖昧さ$$

という公式を提唱し、支持を得ました。

取り付け騒ぎを例にとれば、自分の財産に関わることは重要度も高く、過去に似たような事例があれば「そんなことはない」として決着せず、つぶれるかもしれないという曖昧な状況に陥ります。

噂の公式と同様に炎上を公式にしてみれば

$$炎上の広がり \propto 事柄の関心の高さ \times 曖昧さ$$

と表せます。

1.1 炎上の公式？

1.1.1 事柄の関心の高さとは

まず事柄の関心の高さが必要です。事柄とは内容および発信者への関心の高さです。

内容とは食品に対する衛生に関することや飲酒に関することなど、炎上しやすい話題です。社会的に関心が低いとしても、あるカテゴリーの人たちの関心が高ければ炎上のリスクが高くなります。弱者差別は弱者にとっては関心が高い話題です。最近では就業に対する不安が広がっています。企業による不当な従業員いじめや顧客による不当な要求も関心度の高い話題だといえるでしょう。

また社会的事件に関してもそうです。殺人事件などが起きてマスコミなどで騒がれれば、事

第13章 炎上の構造と収め方

件自体の関心が高まります。犯罪心理学に詳しい、もしくは犯罪学の専門家であれば解説したりすれば自身のブランドを高めることができるでしょう。しかし生半可な知識で論評したり、犯罪を擁護するような言動をすればバッシングにあいます。

発信者は第12章にもあるように「リア充」であればあるほど関心度が高まります。より安定してより名声がある人、権威的な学者や有名芸能人はそれだけで十分関心度が高いといえます。大学生、特に有名大学の学生は同様です。

1.1.2 曖昧さとは

曖昧とは「決着しない」ことです。

不適切な情報発信をしても相応な罰を受けない状態が「曖昧」な状態です。

たとえば殺人事件などの重大な事件では警察が動きます。犯人が逮捕されれば曖昧さは消えて「決着」します。しかし未成年飲酒などはなかなか処罰を受けません。同様に不道徳な言動も法的な処罰は受けることがないでしょう。政治的な問題、特に外交問題は100%の決着などはあり得ません。

宗教の価値観やスポーツの嗜好など、決着するはずがないものも曖昧さが高い話題です。

状況が曖昧であれば曖昧であるほど炎上は広がります。曖昧さに対して「決着」をつけたいがために、ありとあらゆる手段で攻撃してきます。ネットだけではなく所属組織への電話などにもつながり、なんとか「決着」させようとするというのが炎上の過程です（**図 13-1** 参照）。

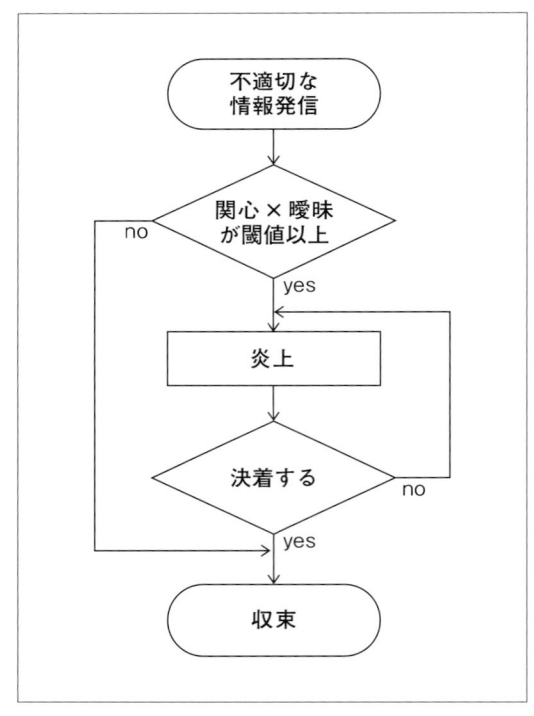

図 13-1 炎上のフローチャート

1.1.3 広がりを抑えるためには

炎上の被害を広げないためには関心度を下げるか曖昧な状態に決着をつける必要があります。

関心度を下げるというのは能動的にできることではありません。時間の経過を待つか、別の突発的な事象があって関心がそちらに移ってしまうことがない限り、急に下げることはできません。

能動的に下げることは曖昧さです。謝罪をする。罰を受けるなどです。社会時事などでは問題が解決することで曖昧さはなくなります。

一番厄介なのが政治・外交です。決着しない話題を多数決で決めるのが民主主義の仕組みです。外交はお互いの国益をかけて最大限の主張をするものです。ともに誰もが納得する決着をすることはあり得ません。宗教やスポーツの様に価値観の相違も決着することが難しく、曖昧な状況が残ります。

1.2 関心の高さと曖昧さからの炎上の検証

1.2.1 放射性物質に関しての話題

関心の高さが高く、曖昧さも高いものの典型例が放射性物質に関する話題です。

そもそも原子力発電所は政治的な話題でした。原子力発電所が政治的問題であることから、もともと炎上しやすい話題だったといえます。そこに福島第一原発の事故があり、社会の関心度が高まりました。

放射性物質の問題は、自ら、そして自分の家族の生命に関わることですから、関心度は最大です。各種選挙において反原発を唱える候補がかなり高い割合で得票しているのもその証左です。普段食べるものの安全はどうか、子供たちが遊んでいる公園に放射性物質がたまっているのではないか、不安になる要素は多々あります。

状況は非常に曖昧です。原子力発電所から燃料の核物質が漏れ出し、広範囲に降り注いだというのはチェルノブイリ事故と福島第一原発事故しかありません。科学的検証がなされているかといえば、過去に1事例しかありませんから、十分ではありません。

発災当初、原子力の権威的な研究者がテレビで「燃料漏れはない」、「放射性物質が外に出ることはない」といっていたのも逆効果でした。実際燃料は漏れ、放射性物質が広範囲に降り注いでいました。以後、原子力研究の専門家が何をいっても誰も信用しなくなってしまいました。テレビでいっていることよりもネットでのデマ（とされていたもの）のほうが真実であった以上、ネット上の極端な意見が受け入れられてしまうのも仕方ありません。

「ただちに健康被害がでるものではない」と政府が繰り返しいっていたことも将来的に被害があるのではないかという不安を煽るだけでした。放射能に関する素人が発した言葉ですら受け入れられてしまう素地ができあがっています。この状況はどんな人でも収めることはできな

第13章　炎上の構造と収め方

いでしょう。

　曖昧さに拍車をかけているのが「顕著な健康被害が確認できない」ことです。しかも放射性物質による健康被害は数年経たないと出てこないということも曖昧さを高くしています。死亡率が極端に上がっている、体調を崩す人がたくさん出ているということが科学的に示されれば曖昧さはなくなり、「やはり危険だった」と決着します。しかし顕著な数字が示されずこれは危険だ！と状況が確定しない、比較的健康被害が少ない状態で推移していることも曖昧さを高くする要因の1つです。今は健康かもしれないけれどあと何年かしたら癌になるのではないか、子供が病気で苦しむのではないか、将来的に自分の子供が障碍を持つのではないかという不安が広がっています。曖昧な状況が続くことで放射性物質に関する様々な情報が飛び交っています。

　悪魔の証明ともいわれていますが「ない」ことを証明することはできません。実際どのような被害があるかは科学的な検証が必要ですが、被害がないことを証明することは不可能です。

　放射性物質に関しては噂話を信じてストレスをためるほうがよほど不健康だという学者もいます。放射能は「正しく怖がること」が重要で、過度な安全アピールや過度の不安をあおるような噂に振り回される必要はありません。

1.2.2　外交問題

　従軍慰安婦・靖国・尖閣・竹島・TPP など外交問題も非常に関心が高くなっています。外交問題は関心が高い層と高く無い層がありますから、一様に関心が高いわけではありません。しかし外交は国益をかけてお互いの最大限の主張をぶつけ合う場です。相手国も国益をかけて主張してくるわけですから決着することは難しいでしょう。まして100％日本が勝つということは時間がかかります。

　自国政府の外交姿勢を支持し、後押しすることは重要です。しかし決着がつかない話題ですから、決着がつかないことにイライラは溜まります。そのような状況で相手国の利するような言動をすれば炎上するのは当然です。

1.2.3　犯罪・不道徳な行為（未成年飲酒を事例に）

　未成年飲酒は炎上の恒例行事のようになっています。毎年新入生が入ってくるシーズンになると「新入生の飲酒を監視する」というスレッドが2ちゃんねるなどに立ち、ミニブログやSNSなどが監視されます。

　飲酒マナーが声高に叫ばれていた2000年代前半は関心度も高く、定期的に炎上をしていました。最近は飲酒マナーへの関心が低くなっていますが、一部の層ではまだまだ関心が高い話題です。

　特に大学に学力的にもしくは経済的に進学できなかった人にとっては、大学生は羨望の的です。不安定な生活をしていれば、将来安定した生活が待っている（と彼らが思いこんでいる）大学生は引きずりおろすには格好のターゲットであるといえるでしょう。有名大学であれば有

名大学であるほど彼らのターゲットになります。未成年飲酒は一部の層には非常に関心の高い話題だといえます。

大学生にもなればお酒を飲んだぐらいでは停学や退学などにはなりません。ただし立派な法律違反ですから、処分されない、罰せられないという曖昧な状況が続きます。攻撃側としてはなんとか決着させて溜飲を下げたいという心理になります。一緒に飲酒していた成人に対して過剰な攻撃を加えたり、大学に電話をして退学をせまったりなどの行動にでます。

毎年南から順番に「お前のところの学生が未成年飲酒をしているから退学させろ」という嫌がらせの電話が掛かってくるというのは私立大学の関係者の間では有名な話です。自分はただの目立たない大学生だから関心を持たれることはないだろう、と安心してはいけません。大学生というだけで正社員予備員であり、不安定な生活をしている人から見れば羨望の的です。高卒で頑張っている人から見れば同い年なのに大学生というだけで遊び歩いている人と見られているかもしれません。

大学生は「大学生」というだけで炎上予備軍です。法に触れる行為をしないのは当り前として、道徳的にグレーな言動も慎みましょう。

2 炎上予防

戦術的・戦略的予防策を提示します。

2.1 戦術的な予防策

炎上の予防のためには第12章から続く「不適切な情報発信」をしないというのは原則です。しかしつい悪ふざけが過ぎて不道徳な言動をしてしまうかもしれません。その際に余計なトラブルに巻き込まれないように予防処置をしておきましょう。

2.1.1 日常生活を不特定多数に公開しない

一般人の日常に興味をしめす他人はいません。もしあなたに興味を示している他人がいたとしたら、その他人はよほどの変人であるといえるでしょう。芸能人ならば日常生活も芸能活動・プロモーションの1つですからしょうがないですが、一般人が日常をさらすことのメリットはまったくありません。むしろ危険が増すだけです。

友達同士でお互いの日常を教えあいたいというニーズもあります。しかしそれを不特定多数に公開する必要はありません。ブログやミニブログ・SNSは非公開設定にする必要があります。友達同士で交換する情報ですから友達だけが見えるようにしてもまったく問題ありません。

2.1.2 個人情報を公開しない

最近は実名登録を促すSNSも増えてきました。あなたが政治家や芸能人、研究者、個人事業

第13章 炎上の構造と収め方

主であれば名前をさらすことにはプロモーション的な意味があります。名前が売れれば仕事がふえますからリスクをとってもその分のメリットを受けることができます。研究者であれば色々なアドバイスをもらうこともできます。

逆に学生や普通のサラリーマンであれば名前を出すことに何のメリットもありません。サラリーマンは組織の一員として動いていますから個人で目立つ必要はありません。学生も同様です。もし起業したいということであれば別ですが、ほとんどの人は企業に就職をします。学生と社会人の道徳感は完全に一致してはいません。ちょっとした悪ふざけも社会人からみれば眉をひそめる行為かもしれません。就活を考えてください。自分の名前を検索したときに、過去のSNSで発信した自分のあられもない格好がでてきたら、採用する相手側はどう思うでしょうか？　人事担当といえどもサラリーマンです。サラリーマンはリスクを避けたがる傾向がありますから、羽目を外すような学生よりは堅実な学生を採用したくなります。炎上リスクの回避という目的もありますが、就職などの障害にならないためにもネット上での名乗りはニックネームにしておくことをお勧めします。

ましてプロフィール欄に内定先を書くなどはまったく必要ありません。何かあった時に内定先に嫌がらせをされます。会社として無用なトラブルを避けるために内定を取り消してくるかもしれないからです。また、むやみに所属（学校名や会社名）を公開する必要もありません。隠しても大体の所属は推察されてしまいますが、自ら公開する必要はありません。

2.1.3　割窓理論：ブログはコメント欄を事後承認制にする

ブログやSNSは記事に対するコメント機能を事後承認に設定することが可能です。

いったん炎上してしまうと炎上そのものを楽しむような状況も生まれます。誹謗中傷だけではなく、単なるいたずらも相対的に増えます。

割窓理論という理論があります。犯罪学の概念です。車を放置しておいてどのようになるかの実験をしたところ、車が普通に置いてあるときはなかなか荒らされませんでした。ある時わざと車の窓を割ったところ「この車は管理されていない」ということがわかってしまい、内装やタイヤなどが次々と盗まれてしまいました。

これを防犯に利用したのが割窓理論です。スラム街のスプレーでのいたずら書きを消す。地下鉄のキセルを取り締まる。物乞いを禁止するなど微罪をとりしまり、この地区は管理されていることを示したうえで最初の小さい犯罪を取り締まる＝窓を割らせないことその後の大きな犯罪を防ぐことにつながるというものです（注：日本では物乞いは民法により禁止されていますが他国では物乞いを禁止する法律がないところがあります）。

また、炎上した際に誹謗中傷のコメントを後から削除することも可能ですが、削除するのは非常に手間です。また炎上した時に削除されることそのものを楽しむ向きもあります。無用なトラブルに巻き込まれないよう、事後承認に設定できる場合は設定してしまいましょう。

2.2 戦略的な予防策＝テーマを設定する

　炎上予防として最も重要なのがテーマ決めです。テーマが「自分」で許されるのは政治家・芸能人・研究者・個人事業主など、自らをプロモーションする必要がある人たちです。それ以外、ただの学生やサラリーマンは自らのことを書く必要はありません。

2.2.1 自分ではなくテーマをハブとしてつながる

　6次のつながり（第7章参照）の概念を利用して関心とつながりについて考えましょう。あなた自身に関心があるのはあなたの友人だけに限られます。しかし趣味に関しては同じ趣味の人たちとはたくさん繋がれるかもしれません。

　たとえばプラモデルが趣味だとします。プラモデルを作るのに人格や所属は必要ありません。自ら作った作品を製作工程とともにブログやSNSなどで公開することは、同じ趣味を持つ人との新しいつながりをもたらすでしょう。

　実際あるプラモデルのブログを私自身が運営したことがあります。まったくの初心者から始めたので、道具もそろっていなければ、テクニックもありません。素人丸出しで製作過程をつぶさに公開しました。そうすると同じ趣味の人の何人かに定期的に見てもらえるようになりました。道具のアドバイスをもらったこともありますし、完成したときには上手にできたと褒められたことがあります。

　あとで聞いた話では、テクニックを教えてくれた方は有名なプラモデル作成家の方で、作ったプラモデルは1つ数十万円・数百万円もするような人でした。

　テーマを決めることで、共通の関心を持つ人と肯定的につながることができます。また自分自身のことを書かなくてもよいので不適切な情報発信も少なくなります。

　未成年なのにお酒を飲んだとか、バイト先で悪ふざけをしたという日常のことを書かなくてすみますから、炎上につながるリスクを低くすることが可能です。

2.2.2 テーマ決めのいくつかのルール

　テーマ決めは非常に難しい課題です。考える上で必要なのが自らどのような貢献ができるか、です。インターネットは無料で沢山の情報があふれています。情報を無料で得ることもできますが、より肯定的な関係を築きたいのであれば、自らが他人に対して有益な情報の発信者になるべきです。

　筆者はプラモデルのブログを運営しました。初心者丸出しの製作工程をさらすことで、初心者にありがちな間違いを公開することになります。多くのベテランはそれを見て色々なアドバイスをしてくれます。1つ1つ教わり、教わったことを実践することで初心者がだんだん中級者になる過程を公開することができました。同じように初心者から始めたいと思った人が私のブログをみれば、自分が陥ってしまうような間違いを事前に知ることができます。無駄なミスも減りますし、無駄な買い物をすることもなくなるでしょう。自らの「恥」をさらすことで同

第13章　炎上の構造と収め方

じ初心者に貢献するためのブログとして位置づけられます。

スポーツでも同様です。初心者が手さぐりで色々なことに挑戦する姿を公開することで、色々なアドバイスをもらうことができます。そして同じ初心者の見本となることで、初心者でも有益な情報を発信することが可能です。

2.2.3　鉄板ネタ　その1　グルメ

テーマがなかなか決まらない！というのであれば、いくつかの鉄板ネタを紹介します。

1つはグルメです。レシピや飲食店情報は多くの人に役立ちます。レシピもテーマが絞られれば絞られるほど人気がでます。冷蔵庫の残り物で作るレシピとか、郷土料理のレシピとかです。ブログではレシピブログは人気が高く、何人かの「一般人だった人」がレシピ本を出版するまでに至っています。うまくいけばテーマの食材に関してスポンサーがつくこともあるでしょう。

レシピとならんでグルメをテーマとして人気のものが食べ歩きです。これもテーマを絞って○○駅前の居酒屋グルメとか、東京の素敵なバー情報、地方中核都市のラーメン情報など、地域やテーマを絞れば絞るほど人気が出ます。特に出張客が多い場所の居酒屋や名物グルメなどは人気があります。

食事は毎日のことです。食べなければ生きていけません。特に見知らぬ地方に行ったときはどこにおいしいお店があるかというのは関心が高い話題です。自ら食べ歩いて色々な情報を発信してみましょう。

2.2.4　鉄板ネタ　その2　4コマ漫画

こちらも鉄板ネタの1つです。漫画は文章よりも表現力が高く、短い時間で多くの情報を伝えることができます。イラストが上手にかけるのであれば4コマ漫画にして情報発信することをおすすめします。

些細な日常での出来事、感動したこと、知人や友人のほほえましいエピソードなどを自分の画力で伝えるというのはすこしハードルが高いかもしれません。画力がなければ写真だけでもいいです。写真＋3行ぐらいで解説をつけて漫画チックに解説してもよいかもしれません。

2.2.5　鉄板ネタ　その3　時事問題の解説

もしあなたが専門的な知識を持っていれば、時事問題に対して専門的な観点から解説するのもよいでしょう。特に法律の専門家である弁護士、医療の専門家である医師であれば、自らの専門性を生かした情報発信は自らのブランドを上げることにもなります。

ただし注意しなければいけないことは自分の専門分野以外のことに安易に言及したりすることです。特に政治的な話題はたとえあなたが正しくても多くの人から反論されるでしょう。正しいがゆえに多くの人を傷つけてしまうかもしれません。

あくまで専門家として専門分野について詳しく解説してあげることが重要です。

3 自らが炎上してしまったら

いろいろ予防しても炎上トラブルに巻き込まれてしまうことがあります。その際どうすべきかを解説します。

3.1 あなたに非がある場合は謝罪をする

あなたに非があれば素直に謝罪しましょう。違法行為をしているならばそれなりの罰則が待っていますから素直に受ける以外に解決の方法はありません。

反道徳的な言動を批判されているのであれば謝罪で済むことがあります。ただし粘着といわれるいつまでのネチネチと攻撃してくる人もいます。その場合はブロック機能などを使うことも有効です。謝罪が済み、法的に問題がなければ過剰に批判される理由はありません。ネット経由での関係を断ち切ってしまいましょう。

3.2 顔写真やプロフィールを勝手に使われる

顔写真や名前などを勝手に使われてまとめサイトや相手のブログなどで誹謗中傷されることもあります。その場合は弁護士に相談し、肖像権の侵害や名誉毀損で法的手続きを取りましょう。粘着といわれる人は精神的な疾患を抱えている場合もあります。話あってわかってもらえないこともあります。法を犯して他人を蔑むような人とのトラブルはネット経由だけでは解決できませんので、現実社会で使える手段を使って解決するのが重要です。

3.3 政治的議論になった場合は引き分け狙い

政治的な議論になってしまえば決着できません。ネット経由で相手を説得することはほぼ100％不可能です。政治的な話題は相手も信念を持って攻撃してきます。政治自体は配分に関しての闘争の一面もありますから相手の攻撃も本気です。

政治的議論の重要なことは「負けないこと」です。逆にいえば勝つ必要はありません。決定的な証拠があったとして、相手を徹底的にやっつけてしまったところで、相手はあなたを恨むだけです。恨まれてしまえば、些細なことで揚げ足を取られるかもしれません。

政治的議論で相手を完全に論破できるような状況になったら、引き分けを狙います。相手を打ちのめしてしまうのではなく、相手がさらなる攻撃をしてきても負けない状況になったら戦場から引き揚げましょう。放っておくのが一番です。相手のいっていることが荒唐無稽であれば、それは第三者が検証してくれます。自ら鉄槌を下す必要はありません。

3.4 あなたにまったく非がない場合

あなたにまったく非がなく、完全な冤罪であれば、誹謗中傷などに対しては法的手段に訴えましょう。ネットで論争になった時勝手に顔写真を利用されたり名前やプロフィールをさらさ

第13章　炎上の構造と収め方

れたりすることもあります。これは完全に肖像権の侵害です。まずは弁護士に相談し、IPアドレスの保全や接続業者にIPアドレスの情報保全を依頼します。

　裁判所からの命令があれば接続業者はIPアドレスに対する個人情報を開示しなければいけません。開示された個人情報を利用して相手方に対して訴状を起こします。

　ある人は数年にわたって掲示板やブログなどで誹謗中傷が繰り返されました。まったく根拠のない嘘の情報で悩まされ続けました。警察に行ってもなかなか相手にされなかったといいます。

　弁護士を通じて訴訟を起こし、名誉毀損として事件化しました。10名近い人が裁判所によばれ泣きながら反省の弁を述べたとのことです。

　中には完全な精神疾患の人もいました。誹謗中傷の被害にあって泣き寝入りする必要はありません。正式な手続きを踏んで、悪意に対して自らを守りましょう。

4　自分の組織の所属員が炎上トラブルに巻き込まれた場合

会社や学校などで従業員や学生・生徒が巻き込まれた時の対応を解説します。

4.1　あわてないで冷静に対応

　原則として炎上トラブルが起きてもあわてないことです。炎上トラブルではその人が所属する組織に抗議の電話が掛かってくることがあります。相手は懲罰を下そうそして電話をしてきますからかなり興奮し、支離滅裂な言葉を発することもあります。

　特に守秘義務違反や不衛生な言動はクレームの度合いもきつくなります。お客様からのクレームは真摯に受け止めたうえで、冷静に対処しましょう。

　過剰なクレームの繰り返しには威力業務妨害として法的手続きをする必要もあるでしょう。冷静な対応が必要です。

4.2　処分は早めに出す

　炎上は「炎上の広がり∝事柄の関心の高さ×曖昧さ」の関係式が成り立ちます。曖昧さを早めに0にしてあげることで不要に炎上トラブルが広がることを防げます。

　組織として騒動を起こしたことを謝罪し、必要な処分がされたことを発表しましょう。処分を公開する必要はありませんから、必要な処分をしたとホームページに公開するだけで十分です。

　調査不足だなどとして処分をださずに時間だけが経過すれば攻撃側のイライラも募ります。他にもっと決定的な証拠はないかと粗探しをされます。多くの学生・従業員がいればうかつな情報を発信している人がいるでしょう。粗探しでさらに騒動が広がってしまうかもしれません。

　学生であれば学部長預かりや反省文の提出、ボランティア活動の強制など、履歴書に書かなくても済む罰を与えることも1つの手段です。停学や退学など、過剰な罰は必要ありません（停

学や退学に相当するような罪を犯しているならば話は別ですが)。

　また大学生が炎上トラブルに巻き込まれた時に内定先企業にクレームが入ることがあります。企業側も対応が「面倒くさい」として安易に内定を取り消す傾向にあります。内定取り消しは十分な理由がなければ不当解雇として訴訟の対象になり得ます。たしかに問題を起こした学生は厄介かもしれません。しかし自分が自信を持って内定を出した相手ですから最後まで責任を持ちましょう。弱い立場の学生に対して内定辞退を強要するなどはもってのほかです。

4.3　謝罪の際にしてはいけないこと

　炎上の収束を意図したこと、特に謝罪においてやってはいけないことが2つあります。1つは言い訳をすること。もう1つは訴訟をちらつかせることです。

　謝罪文では長い文章を書く必要ななく、淡々と謝罪と処分した旨を発表すれば「決着」します。逆に自己正当化したり、お前たちの誤解だというような言い訳をしたりすれば、その言い訳を決着させるために新しい炎上を引き起こすことになります。

　同様に訴訟をちらつかせれば相手に恐怖感を与えます。恐怖感を覚えればそれを払しょくするために別の手段で攻撃してくるでしょう。

　過去にある会社が自社社員が炎上した際、反省すべきは反省するが炎上させている人にも問題があり、プライバシー侵害で訴える準備をしている、という趣旨の謝罪文を出したことがありました。まったく反省になっていないとして逆に炎上をあおってしまい、最終的に再度謝罪文をだすはめになっています。

　謝罪することは負けることではありません。自らの自助作用を公開し相手と信頼関係を築くことです。過剰な謝罪や処分も必要ありませんが、謝罪文でよけいな炎上を引き起こす必要もありません。

4.4　法的手続きの準備

　炎上ではプライバシーの侵害や名誉毀損などが行われます。顔写真を勝手に転載したり、名前や所属を勝手に公開したりする悪質なケースが見られます。自分の学生や従業員を守る意味でも、それら違法行為に対しては厳正に対処しましょう。

　弁護士に相談し、違法なものに対して断固たる態度で臨む必要があります。それが自分の学生や従業員を今後も守ることになります。

5　日頃のお付き合いを大切に

　インターネットの世界は現実社会と違い物理的時間的距離を感じさせないコミュニケーションが出来ます。またインターネットそのものはコンテンツを作ってはくれません。利用者同士で情報を発信しあい、お互いの知恵を共有するのがインターネットの醍醐味です。

第13章 炎上の構造と収め方

　炎上にかぎらずインターネットに関わるトラブルは沢山あります。トラブルに巻き込まれたときに助けてもらえるかどうかは日頃のお付き合いによります。

　普段から有益な情報を出し、多くの人のためになっている人はいざというときに多くの人が守ってくれるでしょう。逆に普段から嘘をまき散らしたり人を貶めるような情報発信している人は、トラブルがあった時に揚げ足をとられたりすることとなります。

【参考文献等】
- G.W. オルポート（著），L. ポストマン（著），南博（訳）『デマの心理学』 岩波モダンクラシックス 2008年
- スマイリーキクチ 『突然、僕は殺人犯にされた ―ネット中傷被害を受けた10年間』 竹書房 2011年
- 佐伯胖（著），CIEC（編集）『学びとコンピュータハンドブック』 東京電機大学出版局　2008年

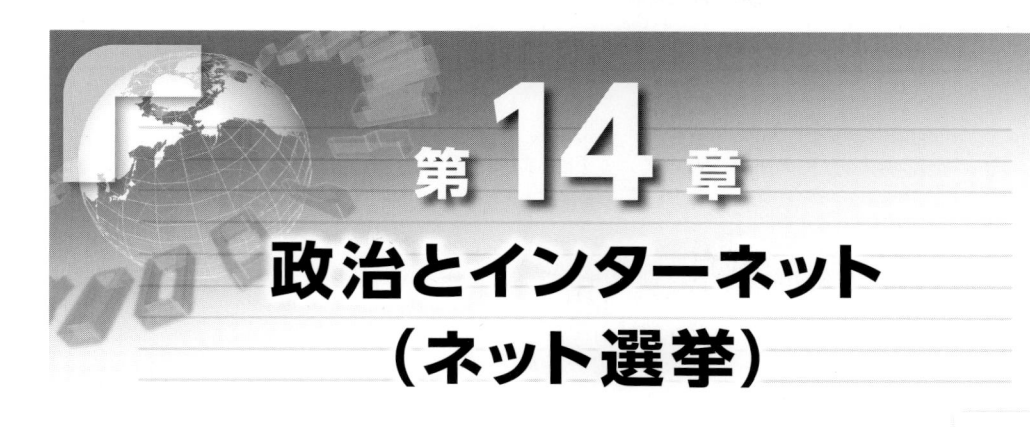

第14章 政治とインターネット（ネット選挙）

　そもそも「揉める」話題を多数で決着するのが政治です。政治は炎上ネタとしてはうってつけといえるでしょう。しかし公職選挙法が改正され、ネットで政治を語ることも多くなりました。本章では、ネット選挙についてどんなことができるか、できないかをまとめています。

1　政治とインターネット

　政治、特に民主主義の国ではインターネットは有効なツールの1つです。有権者と政治家がダイレクトに意見を交換することが今まで以上に可能になります。

1.1　ネット選挙

　ネット選挙は、本書ではネット経由で投票するネット投票のことではなく、選挙運動をネット上で行うネット選挙運動のこととします。

　2013年公職選挙法が改正されインターネットを利用した選挙活動を行うことが可能になりました。それまではインターネットで情報発信することは図画の頒布とみなされていました。図画の頒布は枚数の制限がありましたから、実質的にネット選挙はできませんでした。改正にともない自由に情報を発信できるようになり、候補者や支持者が政党や候補者に対しての投票を呼び掛けられるようになりました。

【参考】

公職選挙法　第百四十二条の三

　　第百四十二条第一項及び第四項の規定にかかわらず、選挙運動のために使用する文書図画は、ウェブサイト等を利用する方法（インターネット等を利用する方法（電気通信（電気通信事業法（昭和五十九年法律第八十六号）第二条第一号に規定する電気通信をいう。以下同じ。）の送信（公衆によって直接受信されることを目的とする電気通信の送信を除く。）により、文書図画をその受信をする者が使用する通信端末機器（入出力装置を含む。以下同じ。）の映像面に表示させる方法をいう。以下同じ。）のうち電子メール（特定電子メールの送信の適正化等に関する法律（平成十四年法律第二十六号）第二条第

第14章 政治とインターネット（ネット選挙）

> 一号に規定する電子メールをいう。以下同じ。）を利用する方法を除いたものをいう。以下同じ。）により、頒布することができる。
>
> 2 選挙運動のために使用する文書図画であつてウェブサイト等を利用する方法により選挙の期日の前日までに頒布されたものは、第百二十九条の規定にかかわらず、選挙の当日においても、その受信をする者が使用する通信端末機器の映像面に表示させることができる状態に置いたままにすることができる。

2 ネット選挙でできることとできないこと

ネット選挙は改正されたばかりで様々な誤解もみられます。改めてできることとできないことをまとめてみましょう。

2.1 選挙運動と落選運動

選挙運動とは

> 特定の選挙について、特定の候補者の当選を目的として、投票を得又は得させるために直接又は間接に必要かつ有利な行為

と解釈されています。当選を目的とした活動なので、いわゆる落選運動、特定の候補者の落選を目的とした活動は含まれません。むしろ落選運動は公職選挙法の適用範囲外なので、法改正があってもなくても落選運動は可能です。

2013年の参議院選挙では、民主党の菅元首相が自民党への不投票を呼び掛ける落選運動を繰り広げましたが、他人の悪口を良しとしない日本社会において落選運動はあまり受け入れられていません。

2.2 未成年は相変わらず選挙活動はできない

ネット選挙解禁の最大の矛盾ともいわれているのが未成年の選挙活動の禁止です。法改正の趣旨説明には

> 本法律案は、近年におけるインターネット等の普及に鑑み、選挙運動期間における候補者に関する情報の充実、有権者の政治参加の促進等を図るため、インターネット等を利用する方法による選挙運動を解禁しようとするものであります。

とあります。有権者の政治参加の促進とありますが、これは特に若者の参加を促すことを意図しています。しかし公職選挙法はもともと未成年の選挙運動を禁止しており、今回も改正され

ていません。違反すれば1年以下の禁錮または30万円以下の罰金が科されます。

若者の政治参加を促しているにも関わらず、未成年が関わることを禁止する、しかも違反すれば禁固・罰金まで科せられるというのは大きな矛盾です。

内情を確認したところ、ネット選挙の解禁のみに注力したため、従来の法の趣旨を変えるまでに至らなかったとのことでした。

> 第百三十七条の二　年齢満二十年未満の者は、選挙運動をすることができない。
> 2　何人も、年齢満二十年未満の者を使用して選挙運動をすることができない。但し、選挙運動のための労務に使用する場合は、この限りでない。

悪法も法です。未成年が政治に関心を持つことは大いに歓迎されることですが、候補者への投票依頼は法が改正されるまで待ちましょう。特定公務員や公民権停止のもの、また教育の場を利用して教員が選挙活動をすることも禁止されています。

なお、よくある誤解ですが外国人は選挙運動を禁止されていません。外国人でも20歳以上であれば誰でも選挙運動をすることが可能です。

2.3　Webサイト

ネット選挙ではWebサイトを利用した選挙運動が全面的に解禁されています。ブログやミニブログ、SNSをはじめ、動画共有サイトや動画中継サイトなどを利用した選挙運動も可能です。具体的なサービス名でいえばtwitterやFacebook、YouTubeやustream、ニコニコ動画などを利用して候補者への投票を呼び掛けることが可能になりました。LINEなどのチャットソフトなどでも可能です。

ただし、ネット選挙を行うにあたりWeb画面上に電子メールなどの連絡先を明示する義務があります。

> 公職選挙法　第百四十二条の三
> 3　ウェブサイト等を利用する方法により選挙運動のために使用する文書図画を頒布する者は、その者の電子メールアドレス（特定電子メールの送信の適正化等に関する法律第二条第三号に規定する電子メールアドレスをいう。以下同じ。）その他のインターネット等を利用する方法によりその者に連絡をする際に必要となる情報（以下「電子メールアドレス等」という。）が、当該文書図画に係る電気通信の受信をする者が使用する通信端末機器の映像面に正しく表示されるようにしなければならない。

Facebookやtwitterはメッセージ機能がありますからそれで十分ですが、Webサイトやブログなど自分でカスタマイズできるものは自分で設定を確認する必要があります。

また、法改正で落選運動に対しても規制がかけられました。落選運動をする場合もWebサイトでは電子メールなどの連絡先を、電子メールを利用する場合はメールアドレスと氏名を表

第14章 政治とインターネット（ネット選挙）

示する義務があります。

> 第百四十二条の五　選挙の期日の公示又は告示の日からその選挙の当日までの間に、ウェブサイト等を利用する方法により当選を得させないための活動に使用する文書図画を頒布する者は、その者の電子メールアドレス等が、当該文書図画に係る電気通信の受信をする者が使用する通信端末機器の映像面に正しく表示されるようにしなければならない。
> 2　選挙の期日の公示又は告示の日からその選挙の当日までの間に、電子メールを利用する方法により当選を得させないための活動に使用する文書図画を頒布する者は、当該文書図画にその者の電子メールアドレス及び氏名又は名称を正しく表示しなければならない。

2.4 電子メールによるネット選挙の制限

　Webサイトは成人であれば（一部例外を除いて）だれでも選挙運動に利用できます。しかし電子メールは候補者や政党のみに制限されています

　電子メールの規制が厳しくなったのは韓国の選挙結果が電子メールによって大きな影響を受けたからだとされています。野党の泡沫候補であったノムヒョン候補が、選挙当日に「ノムヒョンを当選させよう」という電子メールがチェーンメール化しました。その結果当選するはずのなかったノムヒョン候補が大統領になってしまったとされています。

　また電子メールは個別に送ることが出来るため嘘・デマを巻かれたとしても候補者側が認知することができません。Webサイトの様な公開された情報を利用して選挙運動をしようというのが電子メールの規制という形につながりました。

> 第百四十二条第一項及び第四項の規定にかかわらず、次の各号に掲げる選挙においては、それぞれ当該各号に定めるものは、電子メールを利用する方法により、選挙運動のために使用する文書図画を頒布することができる。
> 　一　衆議院（小選挙区選出）議員の選挙　公職の候補者及び候補者届出政党
> 　二　衆議院（比例代表選出）議員の選挙　衆議院名簿届出政党等
> 　三　参議院（比例代表選出）議員の選挙　参議院名簿届出政党等及び公職の候補者たる参議院名簿登載者

2.5 その他、規制が残っているままのもの。選挙期間と買収。

　2013年の改正は、それまでの公職選挙法の抜本的な変更ではなく、インターネットを利用してそれまでの規制のままで選挙運動ができるという改正です。

　公示日前や投票日当日の選挙運動は禁止のままです。またウグイス嬢と手話通訳以外に報酬を支払えば買収にあたるのもそのままです。

　ネット更新のバイトをやってくれと誘われてもそれは買収にあたるからと断りましょう。

3 ネット選挙の効果

　ネット選挙にはどれだけの効果があるのでしょうか。結論からいえばあまり効果はありません。なぜならインターネット、特にWebサイトはプル型メディアだからです。

　Webサイトは検索エンジン経由などで自ら能動的に情報を見に行かなければなりません。そもそもの知名度や所属する政党の政策などで興味を示してもらわなければWebサイトを見ることはないでしょう。

　またWebサイトを見ている人は、そもそもその候補者に投票する意思がある人です。興味のない人、政策的に賛成できない人の情報は、よほどでない限り積極的に見られることはないでしょう。

　図14-1は2013年の参議院選挙の東京選挙区において、選挙期間中に選挙に関係するキーワードとともにtwitter上で発せられた候補者名の数と、その候補者の得票数を対数にして相関を見たものです。Rの二乗の値が0.73なので相関があるように見えますが対数での相関なので要注意です。名前がつぶやかれる数と得票数は、つぶやきが多い候補ほど得票数は多いです。これはつぶやきが投票に影響したのではありません。その候補の知名度が影響しているだけです。

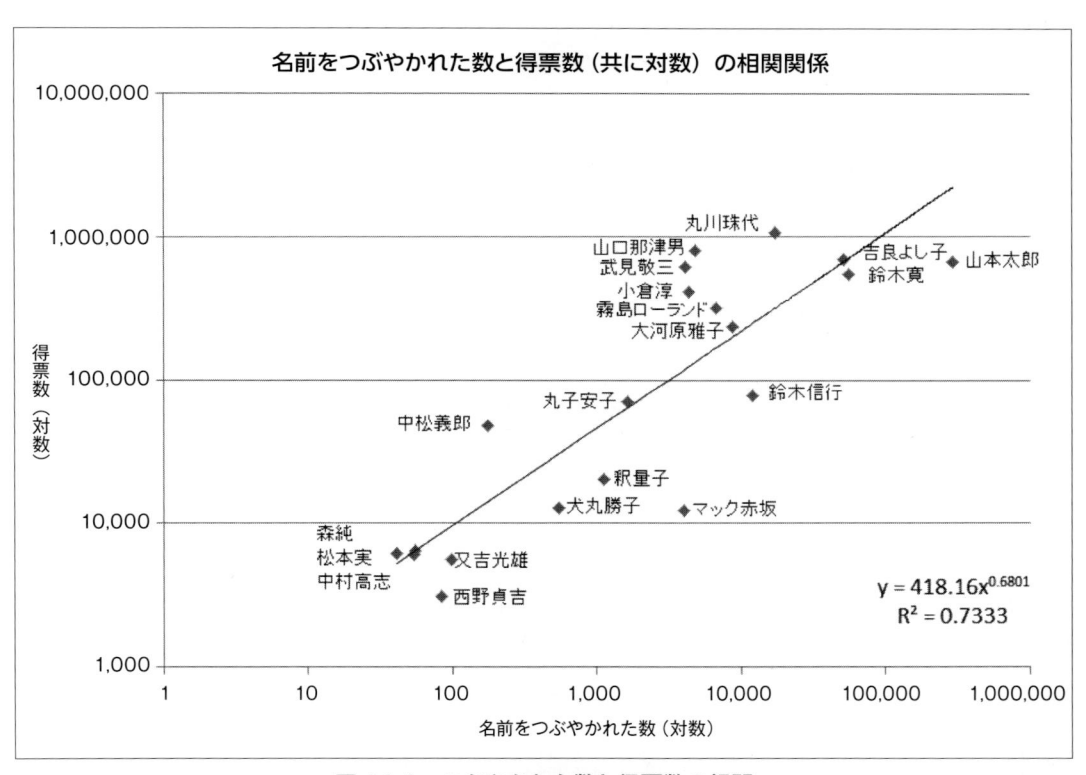

図14-1　つぶやかれた数と得票数の相関

第14章　政治とインターネット（ネット選挙）

3.1　握った手の数しか票はでない。選挙の基本は握手。

　選挙は「公示日の時点で当落はほぼ決まっている」とされています。多くの人がそうだと思いますが、自民党支持者が選挙期間中の候補者の演説を聞いて突然共産党に投票するということはないでしょう。また逆もしかりです。

　選挙の基本は握手とされています。「握った手の数しか票はでない」というのは田中角栄元総理の言葉です。「街中や駅前で候補者が演説をしたのを見かけた」、「テレビで見かけた」ということまで含んだ広い意味での「接触」が投票行動の基本です。

　2013年の参議院選挙は自民党の圧勝で終わりました。自民党圧勝の中で話題になったのは石破幹事長の日焼け具合です。もともと日焼けをする体質とのことらしいです。それでもなおあの日焼け具合からは数多くの街頭演説・握手をこなしてきたことがうかがえます。

　選挙後に公開された石破茂幹事長の動画では、幹事長みずから選挙カーに乗り、とにかく握手を繰り返していたことが語られています。

　2013年の参議院選挙では、投票日の夜テレビに出ていたほかの党の党首や幹事長等がほとんど日焼けしていなかったこととは対照的に、圧勝した自民党関係者の日焼け具合が目立ちました。

3.2　ネット選挙の神髄は「失点しないこと」

　票を増やすのが「接触」ならば、票を減らさないようにするためのものが「ネット」です。接触によって1票1票積み上げていきます。接触によって候補者に親近感・信頼感が芽生えて投票しようという気になった有権者たちは、それなりの割合で候補者の名前を「検索」しているはずです。

　読売新聞の2013年7月23日の記事ではネットの情報を参考にしたのは10%程度であるとしています。しかし10%もの人が投票の際にネットを利用して情報を得ています。間違いなく候補者のWebサイトを見ているでしょう。

　2013年の参議院選挙で当選したある候補のWebサイトのアクセスログを拝見したところ、投票日当日のアクセスは数万。普段は数百で選挙期間中でも千の単位だったことを考えれば、投票日当日最後の確認のためにWebで名前を検索し、Webサイトやブログなどを見ていることがわかります。

　その際、決定的なスキャンダルがあるとか、そもそもWebサイトがないなどの不備があれば一定の割合で得票数を減らすでしょう。ある調査ではネット上のあまりにひどい評判によって得票数を大きく減らした候補もいます。

3.3　炎上が怖いなら政治家を目指してはならない

　ネット選挙解禁の議論の中で政治家から「炎上が怖い」という意見が散見されました。どう

も炎上という言葉が独り歩きし、無用な不安をあおっているようです。

そもそも政治の話題は炎上します。炎上しないような話題は政治課題として挙がってきません。賛否が分かれ、全員が納得できないようなことを多数決で決して行くのが民主主義である以上、政治家の言葉はすべからく炎上すると考えてよいでしょう。

特に憲法・靖国・尖閣・竹島・TPP・原発など、賛否が真っ二つの話題や外交問題は、もともと全員の納得のもとに解決しない話題です。自らの信念を曲げず、より多くの支持を得るために発信し続けるしかありません。愛の反対は無関心であるという言葉もあります。批判されているということはあなたが何かを実行する力があり、それを止めたいという現れです。あなたに実行力があればあるほど批判も増えるでしょう。それはある意味歓迎すべきことです。

それでも炎上が怖いのなら政治家を目指してはいけません。もしあなたが現職で炎上するのが怖いというのであれば速やかに辞表を出されることをおすすめします。

3.4 敵対候補からの悪口は得票のもと

炎上に至らないまでもライバル候補やライバルの支持者から悪口をいわれることがあります。ネットでも多くの悪口をいわれることとなるでしょう。もしあなたがライバル候補・支持者から悪口をいわれたらそれは歓迎する状況として喜ぶべきです。

インターネットはプル型メディアです。自分に興味を示してくれた人しか自分の情報を見てくれません。しかしライバル候補・支持者が自分の名前を、たとえ悪口つきでも広めてくれることは、自分に関心を持つ人を増やしてくれることに他なりません。

政治家の情報を受け取る人にはある一定の「アンチ」が含まれます。過激なことをいう政治家であれば情報を受け取る人も多いですが、同時にアンチの数も多いです。

相手候補の悪口をネット上で広めるということは、アンチに対して「私が嫌いな人はこの候補に投票せよ」と宣伝してくれているのに等しいことです。

2013年の参議院選挙でもライバル候補に悪口をいわれたある候補が、結果的にネット上の大きな支持を得るという現象が発生しました。その悪口がデマであるならネット上で否定すればいいだけです。敵対候補からの悪口は最高の得票元です。歓迎しましょう。

4 ネット選挙をどう戦うべきか

ではネット選挙はどう戦うべきでしょうか？ ネットの特性をよく理解し、効率の良い戦い方をしましょう。

4.1 プッシュ型メディアの活用＝テレビが来ないなら自分で有権者の前に行く

まず考えなければいけないのはネットがプル型メディアであるということです。見ず知らずの人の名前は検索すらされません。選挙期間前から多くの人に自分の名前を覚えてもらわなけ

第14章　政治とインターネット（ネット選挙）

れば立派な Web サイトを作っても宝の持ち腐れです。

　覚えてもらうためにはプッシュ型メディアを活用するしかありません。最も強力なプッシュ型メディアはテレビです。スイッチをいれるだけで勝手に情報が流れてくる装置です。しかも動画で流れますのでこれほど強力なプッシュ型メディアはありません。

　大臣になるとか、重要な政策に関わるなどしてテレビに出る機会があれば、自然と選挙区で名前が浸透します。

　ただしそういう人はほんの一握りです。まして地方選挙にもなればテレビで取り上げてくれることもありません。そうであれば、繰り返しになりますが、街頭にでて演説をして握手をしていくしかありません。テレビが取材に来てくれなければ自分から有権者の前に出て行って顔と名前と政策を覚えてもらうしかないからです。

　有権者に名前を覚えてもらえば、あとはプル型メディアの活躍の場です。Web サイトで街頭では伝えきれなかった経歴や政策、自らの考え方や支持してもらう根拠などを説明していきます。

4.2　プル型メディアのストックとフローを考える

　有権者に関心を示してもらった後はプル型メディアの出番です。街頭演説で足を止めて話を聞いてくれるという人はなかなかいないでしょう。足を止めて話を聞いてくれる人がいる時点であなたは人気者です。ほとんどの人が行きかう人に対して 10 秒から 20 秒程度しか話しかけることが出来ません。10 秒 20 秒で伝えきれなかった部分はプル型メディアがフォローします。

　プル型メディアはストックとフローを考えて設計する必要があります。重要な情報はあまりフローしません。経歴がしょっちゅう変わったり、政策や理念がしょっちゅう変わったりすることはありません。重要であまり変化しない方法はストック型サービスを利用し、階層構造で構成します（第 9 章参照）。

　次にフローしていく情報をそれぞれ重みづけしていきます。重要な情報ほどゆっくりフローさせます。

　たとえば今どこにいるとか、今誰と一緒に会議に出ているなどという情報は大して重要ではありません。またそれらは時間とともに陳腐化しますから、フローの早いサービスで出すのに適しています。たとえばミニブログである twitter などはそのような重要度は低いが即時性のあるような情報を発信することに適しています。毎日何度更新しても問題ありません。

　次に活動報告や今後の予定など、即時性は低いものの自分の活動に対して重要な情報はすこしフローの速度の遅いサービスに掲載します。SNS などはそれに適しています。特に Facebook は写真との相性が良いですから、今日の活動を写真と一緒に 1 日 1 更新〜 1 週間 1 更新程度のペースで出していくのがよいでしょう。

　最後に、ゆっくりフローさせる重要な情報です。政策に関しての自分の思いや、時事問題に

対しての対応などです。ゆっくりフローさせるには自分のペースで更新できるブログが適しています。

4.2.1　動画　1分から1分半

経験則ですが「動画は1分半以上耐えられない」といわれています。これはネットに限らずテレビでも同様です。ニュース番組は1つの動画では通常1分から1分半に収められます。長尺といわれるものでも2分です。街頭演説などはしゃべっている人は全部聞いてもらいたいと思うのは理解できます。ただ10分〜20分の街頭演説をじっと聞いているのはよほどのファンでない限り難しいものです。

長い演説だったとしても1分〜1分半程度に編集して誰でもストレスなく見られるように配慮しましょう。

4.2.2　ブログやSNS　1日1更新

ブログやSNSの最適値は1日1更新です。ブログは文章に、SNSは写真に適していますから文章をかくのが得意ならばブログメインに、文章を書くのがあまり早くなく忙しくて時間も無いといのであればSNSで写真をメインに発信していきましょう。

文章にも最適値があります。1記事あたり800文字程度といわれています。それ以上長くなるような熱い思いを伝えたい場合は、その1、その2と記事を分けましょう。長い文章を書いても読み飛ばされるだけです。

写真をメインで使い場合は、挨拶・写真の内容・感想などを手短に、3行にまとめて添えてあげると効果的です。

4.2.3　ミニブログ（twitter）は適宜に。ただし会話には使わない。

最近はミニブログ、特にtwitterが流行っています。Twitterはフローの速度が速いサービスです。政治家が自らの考えを広めるためのツールとしてはあまり適していません。ミニブログを使うのであれば、ブログやSNSへの誘導や、今何処にいてどんな仕事をしているかというような速報的に使うのがよいでしょう。

またミニブログは言葉が断片的に伝わってしまうリスクがあります。政治家は言葉が命ですから、言葉をつなぎあわされて揚げ足を取られては元も子もありません。また確かにユーザーとフラットな立場で会話できるツールではあります。しかし1つ1つ反応していくのは大変です。また忙しくて反応できなかったときに、反応されなかった相手の機嫌を損ねてしまうリスクがあります。

ミニブログはあくまで速報的に利用し、意見発表や政策提言などに使うのは少々リスクがあることを理解しましょう。

第14章 政治とインターネット（ネット選挙）

5 まとめ

　ネット選挙は2013年参院選からはじまりました。歴史が浅いため十分なノウハウが蓄積されていません。

　またネットのサービスは流行り廃りのペースが速いため1つのサービスに依存したコミュニケーションはリスクを伴います。

　まずはWebサイトで自分のプロフィールや政策を公開するところから始めましょう。ブログやミニブログ・SNSなどフローしていくサービスで日々の政策への考えや政治活動を伝えていけばより自分を身近に感じてくれる人も増えるはずです。

　現実社会での政治活動が評価されなければそもそもネットで情報を受け取ってもらえません。ネットだけを利用して議席を取れるということはありませんから、地道に政治活動を続けていきましょう。

【参考文献】
- 津田大介　『ウェブで政治を動かす！』　朝日新聞出版　2012年

終章 まとめ

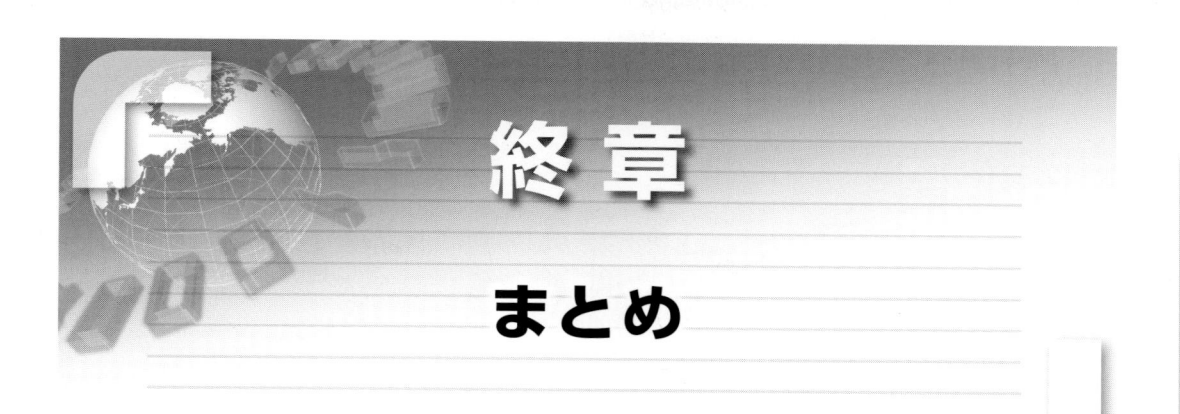

　本書では、社会における情報の役割から始まり、炎上の過程や予防方法などを解説しました。第1章にもあるように近代国家は蒸気機関・電信・印刷・郵便が必要というのは福沢諭吉の言葉です。

　電信・印刷・郵便はインターネットという新しいツールによって生まれ変わろうとしています。インターネットによってデータや情報を瞬時に世界中に伝えることが可能になりました。インターネットという自由に情報を発信するツールによって、世界はゆっくりと、そして大きく変わりつつあります。

　私たちが自らの人生を豊かにするには「知識」と「知恵」が必要です。ネットで得た一方的な情報を鵜呑みにするのではなく、自らの経験や多元的な情報と組み合わせて知識とします。それを上手に使うこと＝知恵が、最終的にあなたの人生を豊かにします。

　情報社会は近代の終りの始まりであるともいわれています。豊かで幸せな人生を送るために、新しい情報ツールであるインターネットを「知恵」を持って使いこなしましょう。

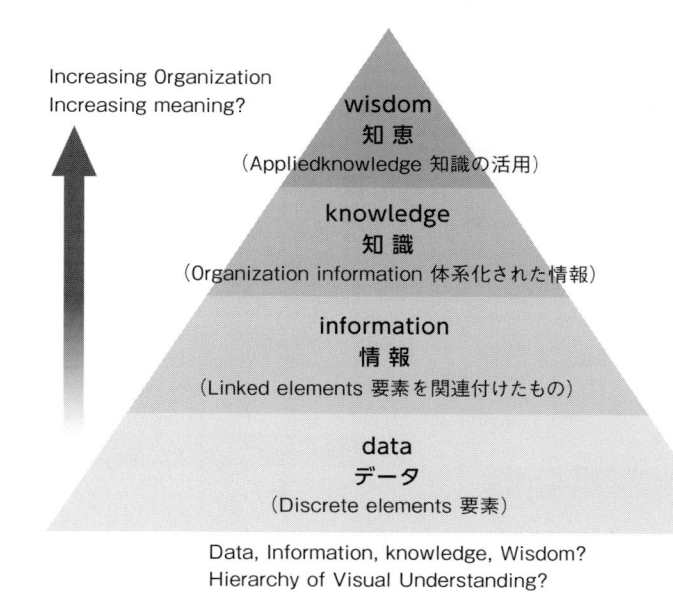

Increasing Organization
Increasing meaning?

- **wisdom**
  知 恵
  （Appliedknowledge 知識の活用）
- **knowledge**
  知 識
  （Organization information 体系化された情報）
- **information**
  情 報
  （Linked elements 要素を関連付けたもの）
- **data**
  データ
  （Discrete elements 要素）

Data, Information, knowledge, Wisdom?
Hierarchy of Visual Understanding?

【参考文献等】
Data, Information, Knowledge, Wisdom?
http://www.informationisbeautiful.net/2010/data-information-knowledge-wisdom/

索引

数字・アルファベット

2ちゃんねる 107
6次のつながり 85
ADSL 35
ASP 102
CATV 36
CMS 101
DNS 23
FTTC 35
FTTH 35
HTTP 27
IMAP4 31
IPアドレス 22
OSI参照モデル 21
POP3 30
SMTP 30
TCP/IP 21
www 24

50音順

あ 行
アラブの春 81
インターネットの中立性問題 42
噂の公式 177
炎上 1

か 行
クラスター 86
公表権 69

さ 行
思想の自由 66
肖像権 69
情報モラル 4
情報リテラシー 3
信教の自由 66
ストック 112, 113
スモールワールド 85
ソーシャルネットワークサービス(SNS) 73, 91

た 行
ダイヤルアップ接続 34
チェーンメール 88
著作権 68
通信の秘密 67
テレホーダイ 34

な 行
ネット炎上 1
ネット選挙 189

は 行
表現の自由 67
プライバシー 69
フロー 112, 113
ブログ 99
分散型ネットワーク 22
ベーコン指数 86

ま 行
まとめサイト 120
未成年飲酒・喫煙 166
ミニブログ 111
名誉毀損 70

や 行
弱い紐帯 86

ら 行
ラザーゲート事件 105

わ 行
忘れられる権利 71
割窓理論 182

【著者紹介】

田代 光輝（たしろ みつてる）

1995年　慶應義塾大学環境情報学部　卒業
2012年より現職
2013年　慶應義塾大学SFC研究所　研究員（訪問）

現　　在　多摩大学情報社会学研究所　客員准教授

インターネットの安全利用やインターネットを使ったPR，選挙運動などが専門

服部 哲（はっとり あきら）

2004年　名古屋大学大学院人間情報学研究科博士後期課程単位取得退学
同　　年　神奈川工科大学情報学部　助手
2007年　神奈川工科大学情報学部情報メディア学科　助手
2010年より現職

現　　在　神奈川工科大学情報学部情報メディア学科　准教授
　　　　　博士（学術）

主　著　『Webシステムの開発技術と活用方法』（未来へつなぐデジタルシリーズ19）
　　　　（共著，共立出版，2013）

情報倫理
－ネットの炎上予防と対策－
Information Ethics

2013年11月25日　初版1刷発行
2018年 9 月10日　初版3刷発行

著　者　田代光輝・服部　哲　©2013
発行者　南條光章
発行所　共立出版株式会社

〒112-0006
東京都文京区小日向4丁目6番19号
電話(03)3947-2511番（代表）
振替口座　00110-2-57035番
URL　http://www.kyoritsu-pub.co.jp

印　刷　新日本印刷
製　本　協栄製本
DTPデザイン　祝デザイン

一般社団法人　自然科学書協会　会員

検印廃止
NDC 007.3, 154
ISBN 978-4-320-12338-0

Printed in Japan

JCOPY　〈出版者著作権管理機構委託出版物〉
本書の無断複製は著作権法上での例外を除き禁じられています．複製される場合は，そのつど事前に，出版者著作権管理機構（TEL：03-3513-6969，FAX：03-3513-6979，e-mail：info@jcopy.or.jp）の許諾を得てください．

編集委員：白鳥則郎(編集委員長)・水野忠則・高橋 修・岡田謙一

未来へつなぐデジタルシリーズ

全40巻刊行予定！

21世紀のデジタル社会をより良く生きるための"知恵と知識とテーマ"を結集し，今後ますますデジタル化していく社会を支える人材育成に向けた「新・教科書シリーズ」。

❶ **インターネットビジネス概論 第2版**
片岡信弘・工藤 司他著 ……… 208頁・本体2700円

❷ **情報セキュリティの基礎**
佐々木良一監修／手塚 悟編著 244頁・本体2800円

❸ **情報ネットワーク**
白鳥則郎監修／宇田隆哉他著 …… 208頁・本体2600円

❹ **品質・信頼性技術**
松本平八・松本雅俊他著 ……… 216頁・本体2800円

❺ **オートマトン・言語理論入門**
大川 知・広瀬貞樹他著 ……… 176頁・本体2400円

❻ **プロジェクトマネジメント**
江崎和博・髙根宏士他著 ……… 256頁・本体2800円

❼ **半導体LSI技術**
牧野博之・益子洋治他著 ……… 302頁・本体2800円

❽ **ソフトコンピューティングの基礎と応用**
馬場則夫・田中雅博他著 ……… 192頁・本体2600円

❾ **デジタル技術とマイクロプロセッサ**
小島正典・深瀬政秋他著 ……… 230頁・本体2800円

❿ **アルゴリズムとデータ構造**
西尾章治郎監修／原 隆浩他著 160頁・本体2400円

⓫ **データマイニングと集合知** 基礎からWeb，ソーシャルメディアまで
石川 博・新美礼彦他著 ……… 254頁・本体2800円

⓬ **メディアとICTの知的財産権 第2版**
菅野政孝・大谷卓史他著 ……… 276頁・本体2900円

⓭ **ソフトウェア工学の基礎**
神長裕明・郷 健太郎他著 …… 202頁・本体2600円

⓮ **グラフ理論の基礎と応用**
舩曳信生・渡邉敏正他著 ……… 168頁・本体2400円

⓯ **Java言語によるオブジェクト指向プログラミング**
吉田幸二・増田英孝他著 ……… 232頁・本体2800円

⓰ **ネットワークソフトウェア**
角田良明編著／水野 修他著 …… 192頁・本体2600円

⓱ **コンピュータ概論**
白鳥則郎監修／山崎克之他著 …… 276頁・本体2400円

⓲ **シミュレーション**
白鳥則郎監修／佐藤文明他著 …… 260頁・本体2800円

⓳ **Webシステムの開発技術と活用方法**
速水治夫編著／服部 哲他著 …… 238頁・本体2800円

⓴ **組込みシステム**
水野忠則監修／中條直也他著 …… 252頁・本体2800円

㉑ **情報システムの開発法：基礎と実践**
村田嘉利編著／大場みち子他著 … 200頁・本体2800円

㉒ **ソフトウェアシステム工学入門**
五月女健治・工藤 司他著 …… 180頁・本体2600円

㉓ **アイデア発想法と協同作業支援**
宗森 純・由井薗隆也他著 …… 216頁・本体2800円

㉔ **コンパイラ**
佐渡一広・寺島美昭他著 …… 174頁・本体2600円

㉕ **オペレーティングシステム**
菱田隆彰・寺西裕一他著 …… 208頁・本体2600円

㉖ **データベース ビッグデータ時代の基礎**
白鳥則郎監修／三石 大他編著 280頁・本体2800円

㉗ **コンピュータネットワーク概論**
水野忠則監修／奥田隆史他著 … 288頁・本体2800円

㉘ **画像処理**
白鳥則郎監修／大町真一郎他著 … 224頁・本体2800円

㉙ **待ち行列理論の基礎と応用**
川島幸之助監修／塩田茂雄他著 … 272頁・本体3000円

㉚ **C言語**
白鳥則郎監修／今野将編集幹事・著 192頁・本体2600円

㉛ **分散システム**
水野忠則監修／石田賢治他著 … 256頁・本体2800円

㉜ **Web制作の技術** 企画から実装，運営まで
松本早野香編著／服部 哲他著 … 208頁・本体2600円

㉝ **モバイルネットワーク**
水野忠則・内藤克浩監修 …… 276頁・本体3000円

㉞ **データベース応用** データモデリングから実装まで
片岡信弘・宇田川佳久他著 …… 284頁・本体3200円

㉟ **アドバンストリテラシー** ドキュメント作成の考え方から実践まで
奥田隆史・山崎敦子他著 …… 248頁・本体2600円

㊱ **ネットワークセキュリティ**
高橋 修監修／関 良明他著 … 272頁・本体2800円

㊲ **コンピュータビジョン** 広がる要素技術と応用
米谷 竜・斎藤英雄編著 …… 264頁・本体2800円

【各巻】B5判・並製本・税別本体価格／以下続刊
（価格は変更される場合がございます）

http://www.kyoritsu-pub.co.jp/

共立出版

https://www.facebook.com/kyoritsu.pub